彩图 1　辣椒集约化育苗

彩图 2　辣椒漂浮育苗

彩图 3　大蒜套种辣椒间作玉米

彩图 4　辣椒小拱棚育苗

彩图 5　小麦套种辣椒间作玉米

彩图 6　辣椒间作芝麻　　　　彩图 7　西瓜垄上套种辣椒

彩图 8　辣椒幼苗倒伏

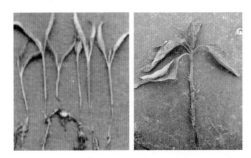

彩图 9　辣椒苗期立枯病症状

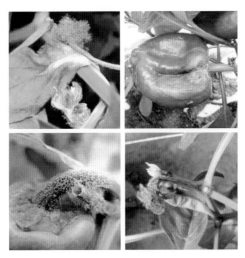

彩图 10　辣椒成株期灰霉病症状

彩图 11　辣椒苗期至成株期疫病症状

彩图 12　辣椒苗期疫病发生在根和茎基部

彩图 13　辣椒绵腐病症状

彩图14　炭疽病危害辣椒果实

彩图15　炭疽病危害辣椒叶片

彩图16　遭受日灼伤害、出现各种损伤的果实炭疽病发生严重

彩图 17　辣椒白粉病病叶

彩图 18　辣椒白星病病叶

彩图 19　根腐病危害辣椒茎基部

彩图 20　辣椒细菌性叶斑病病叶

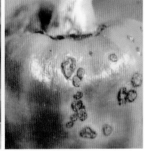

彩图 21　辣椒疮痂病危害叶片和果实

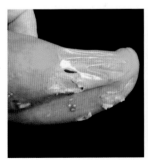

彩图 22　辣椒软腐病病果

彩图 23　辣椒病毒病症状

彩图 24　辣椒日灼病病果

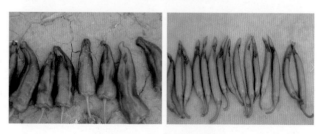

彩图 25　辣椒脐腐病病果

加工型辣椒
高效栽培关键技术

主　编	刘艳芝	任艳云	朱丽梅	
副主编	王淑霞	李印峰	高建党	徐勤伦
参　编	钟　文	周香芝	徐祥文	常　磊
	马井玉	田英才	王庆芬	薛　华
	任兰柱	韩晓玉	刘奎成	曹　健
	杨成梅	宋传雪	王　凯	李永泉
	徐　鑫	杨本山	宫钦涛	崔艳秋
	翟红梅	王付彬	申海防	张姝燕

机　械　工　业　出　版　社

本书主要针对加工型辣椒产业发展的需求，由长期从事辣椒育种及栽培科研工作的专业技术人员编写而成，主要内容包括概述、辣椒的特征特性及对环境条件的要求、加工型辣椒的优良品种，以及辣椒的育苗技术、栽培技术、间作套种高产高效栽培模式、病虫害绿色防控技术等方面，突出各个技术环节的关键知识点，注重加工型辣椒育苗与栽培技术的先进性和实用性，文字通俗简练，内容全面、系统，可读性强，可供广大椒农、基层农技人员使用，也可供农业院校相关专业的师生参考阅读。

图书在版编目（CIP）数据

加工型辣椒高效栽培关键技术/刘艳芝，任艳云，朱丽梅主编. —北京：机械工业出版社，2023.2

ISBN 978-7-111-72211-3

Ⅰ.①加… Ⅱ.①刘… ②任… ③朱… Ⅲ.①辣椒–蔬菜园艺 Ⅳ.①S641.3

中国版本图书馆 CIP 数据核字（2022）第 235553 号

机械工业出版社（北京市百万庄大街 22 号　邮政编码 100037）

策划编辑：高　伟　周晓伟　责任编辑：高　伟　周晓伟　刘　源

责任校对：丁梦卓　梁　静　责任印制：张　博

中教科（保定）印刷股份有限公司印刷

2023 年 2 月第 1 版第 1 次印刷

145mm×210mm·5.5 印张·4 插页·177 千字

标准书号：ISBN 978-7-111-72211-3

定价：29.80 元

电话服务　　　　　　　　网络服务

客服电话：010-88361066　　机 工 官 网：www.cmpbook.com

　　　　　010-88379833　　机 工 官 博：weibo.com/cmp1952

　　　　　010-68326294　　金 书 网：www.golden-book.com

封底无防伪标均为盗版　　机工教育服务网：www.cmpedu.com

辣椒是世界上产量最大的调味性作物，也是重要的蔬菜作物之一，在全球热带、亚热带、温带地区均有种植。据2018年统计数据，辣椒在我国的种植面积为3220万亩，占全国蔬菜种植面积的10%左右，已成为我国第一大蔬菜作物。辣椒是一种药食同源的蔬菜，品种丰富，其中的加工型辣椒，是指采收老熟红椒、酱红椒，口感辛辣或半辛辣的辣椒品种类型，既可直接鲜食，还能经加工、干制、酱制、泡制等做成各种辣椒制品及许多农产品的调配料，也可进行辣椒素、辣椒红素的提取等深加工，深受食辣人群欢迎。

加工型辣椒的适应性强，可在我国大部分地区种植，具有栽培形式多样、栽培管理技术相对简单、容易掌握、市场需求量大、效益高等特点。发展加工型辣椒已成为国内不少地区实现乡村振兴的重要举措和农业增效的重要途径。随着辣椒产业的迅速发展，各地菜农迫切希望了解国内辣椒的新品种、新成果，学习绿色高效栽培的新模式、新技术。

本书主要针对加工型辣椒产业发展的需求，在认真总结编者科研成果的基础上，广泛吸收借鉴国内外加工型辣椒方面的最新成果和先进经验，并对其加以优化和集成。本书全面系统地介绍了加工型辣椒的优良品种、育苗技术、高产高效栽培模式、病虫害绿色防控技术等内容。

本书注重加工型辣椒育苗与栽培技术的先进性和实用性，文字通俗简练，内容全面、系统，可读性强，可供广大椒农、基层农技人员使用，也可供农业院校相关专业的师生参考阅读。

需要特别说明的是，本书所介绍的相关技术，各地应因地制宜，本书所用农药及其使用剂量仅供读者参考，不可照搬。在实际生产中，所用药物学名、常用名和实际商品名称有差异，药物浓度也有所不同，建议读者在使用每一种药物之前，参阅厂家提供的产品说明书，科学使用农药。

在成书过程中，参考引用了许多相关书籍和文献中的内容，在此谨向原作者表示衷心的感谢！

　　由于编者水平有限，书中错误和疏漏之处在所难免，敬请读者批评指正。

编　者

目 录

V

第一章 概　述

辣椒为茄科辣椒属中一年生或多年生草本植物，又名番椒、海椒、秦椒、辣茄，原产于中南美洲热带地区，明朝末期传入我国，至今已有300多年的栽培历史。辣椒品种丰富，是目前世界上产量最大的调味性作物，居世界五大辛辣调味品之首。食辣范围涉及世界60%的国家，食辣人员约30亿。随着国际市场的不断开放，饮食文化必然互相渗透，食辣人群将呈大幅度上升趋势。加工型辣椒，是指采收老熟红椒、酱红椒，口感辛辣或半辛辣的辣椒品种类型，既可直接鲜食，还能经加工干制、酱制、泡制等做成各种辣椒制品及许多农产品的调配料，也可进行辣椒素、辣椒红素的提取等深加工，是一种药食同源的蔬菜，深受食辣人群欢迎。

第一节　加工型辣椒的价值

一　加工型辣椒的营养价值

加工型辣椒果实营养丰富，富含维生素 C、可溶性糖、干物质、脂肪、辣椒素和辣椒红素等，营养成分的含量因品种而异，其维生素 C 含量是茄果类中最多的。经测定，优良加工型辣椒品种果实中维生素 C 含量为 1.00~3.50 毫克/克，可溶性糖含量为 4.50~30.00 毫克/克，干物质含量为 100.00~300.00 毫克/克，脂肪含量为 3.00%~15.00%，辣椒素含量为 0.10~20.00 毫克/克，辣椒红素含量为 30.00~500.00 毫克/千克。辣椒素的含量决定辣味的轻重，并直接影响辣椒及其制品的辣度，不同辣椒品种间辣椒素的含量差异较大，如小果型品种朝天椒的辣椒素含量高，辣味浓。辣椒红素是天然红色素的一种，可从成熟的红辣椒中提取，属类胡萝卜素，是维生素 A 的前体化合物，色泽鲜艳，色价高，着色力强，护色效果好，被公认为安全性极高的天然色素之一，并且越来越多的研究表明它对维持人体健康有重要意义。天然色素的染色力用色价来表示，是辣椒红素质量的重要指标。色价高，说明辣椒红素染色力高，相应地辣椒的商品价值和食用价值就高，出口增收就好。

辣椒在我国的食用历史已有上百年，食用方式更是多种多样，不仅是一种常见的可直接食用的蔬菜，还是人们普遍使用的调味料。生食、煮食、醋浸、盐渍、腌制、干制、酱制均可，如榨菜、什锦菜、辣味泡菜、辣味萝卜干、辣味腐乳、辣味牛肉干……都离不开辣椒；辣椒粉、辣椒油、辣椒油树脂，还被广泛地用于各式调味料、肉类食品、方便食品、汤料中。

二 加工型辣椒的经济价值

辣椒是一种重要的蔬菜和经济作物，具有栽培形式多样、栽培管理技术较易掌握、经济效益高等特点，因而在我国各地广泛种植。辣椒产品用途日益拓展，食辣地域和人群不断扩大，全球干、鲜辣椒产品市场年需求量超过6000万吨，辣椒加工业发展迅速，辣椒及其系列加工产品已成为重要的外贸出口产品。因此，大力发展加工型辣椒生产对于丰富人们的食物结构，促进农业种植结构调整，加快辣椒精深加工产业发展，增加农民收入具有重要意义。

1）加工型辣椒种植效益较高。我国常年辣椒种植面积已超过3000万亩（1亩≈666.7 米^2），占蔬菜种植面积的10%左右。其中，加工型辣椒种植面积为1200万亩左右，种植面积超过120万亩的省份主要有贵州、湖南、江西、河北、山东、新疆、云南等，在贵州的遵义市、河北的鸡泽县和望都县、湖南的湘西土家族苗族自治州、云南的丘北县、江西的永丰县、河南的柘城县、山东的武城县和金乡县，辣椒均已成为当地的支柱产业。

2）加工型辣椒是重要的工业原料。加工型辣椒不仅是蔬菜，更是调味佳品、重要的天然色素和其他工业原料。辣椒粉、辣椒油及其他辣椒制品是我国传统的加工产品。目前，我国辣椒加工企业数以万计，规模较大的有500多家，通过干制、油制、腌制、酱制、泡制等方法，开发了油辣椒、剁辣椒、辣椒酱、辣椒油等多种产品，辣椒系列加工制品表现出了强劲的发展势头，成为食品行业增幅最快的门类之一，有力地促进了我国加

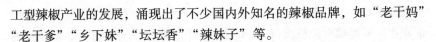

工型辣椒产业的发展,涌现出了不少国内外知名的辣椒品牌,如"老干妈""老干爹""乡下妹""坛坛香""辣妹子"等。

3)加工型辣椒已成为重要的制药原料。加工型辣椒果实中含有辣椒素、辣椒碱、辣椒色素、辣椒红素等维持人体正常生理机能和增强人体抗性的多种化学物质,对人类多种疾病有一定的疗效,近几年辣椒素在药理研究方面的进展较快。国际上对辣椒色素的加工开发利用高度重视,并且取得较大进展。国内外研究一致认为辣椒红素具有营养保健功能,是对人体有益的天然植物色素,其色泽鲜艳,色调多样,着色力强,稳定性好,对人体无副作用,是目前国际上公认的最好的红色素。另外,辣椒红素还是医药中药片糖衣、胶囊及高级化妆品的重要色素。

4)加工型辣椒还是重要的出口增收农产品。辣椒初级产品主要有鲜辣椒、干辣椒(椒段、椒片)、辣椒粉、辣椒油、辣椒酱、辣椒罐头等。我国鲜辣椒主要出口欧洲(如俄罗斯)、亚洲;干辣椒主要出口亚洲、美洲,东北三省、山东、河南的干辣椒主要出口韩国。国际市场对辣椒素、辣椒红素的需求量巨大,我国新疆和甘肃的辣椒素、辣椒红素的出口量逐年增加,价格很高,效益可观。

第二节 国内外辣椒产业发展现状

 世界辣椒产业发展现状

2000年以来辣椒产业迅速发展。据FAO(联合国粮食及农业组织)统计,2018年全世界有118个国家和地区种植辣椒,亚洲辣椒的种植面积与总产量占世界的70%,主导了辣椒产业的发展,也是世界主要食辣区,其中以我国及东南亚为主,韩国、日本、泰国等都是主要的辣椒生产国和消费国,而欧洲和美国也是主要的消费区域。据统计,全世界食辣人口已超过30亿,辣椒年贸易额近300亿美元。2017年世界辣椒总产量高达4071.85万吨,比2010年增长24.26%。其中,鲜辣椒产量为3609.3万吨,比2010年增长21.6%;干辣椒产量为462.55万吨,比2010年增长49.79%。可见,2010—2017年干辣椒产量增长更为迅速。

在辣椒产业发展中,由于自然、气候、生产、消费等因素的影响,辣椒生产主要集中在亚洲、非洲、欧洲和北美地区。其中，亚洲鲜辣椒种植面积占世界鲜辣椒种植面积的68.13%，干辣椒种植面积占世界干辣椒种植面积的70.88%（图1-1）。2017年世界鲜辣椒总产量前五位的国家是中国、墨西哥、土耳其、印度尼西亚、西班牙，中国鲜辣椒产量位居第一，接近世界鲜辣椒总产量的一半。2017年世界干辣椒总产量前五位的国家是印度、泰国、埃塞俄比亚、中国、科特迪瓦，印度干辣椒产量位居第一，占世界干辣椒总产量的45%，约为中国干辣椒产量的6倍。

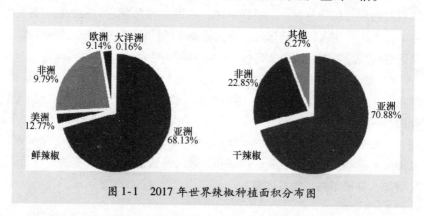

图1-1　2017年世界辣椒种植面积分布图

2000年以来，世界辣椒贸易额呈现螺旋上升态势。2017年鲜辣椒进出口贸易总额是2000年的3.08倍，干辣椒进出口贸易总额相对较少，但仍为2000年的1.73倍。美国是最大的干辣椒和鲜辣椒进口国，鲜辣椒进口额从2000年的4.56亿美元增加到2017年的14.3亿美元，其次是德国、英国、法国、俄罗斯、荷兰、意大利、波兰等，这七个国家进口量之和占世界鲜辣椒进口量的65.53%。西班牙是最大的鲜辣椒出口，西班牙、墨西哥两国鲜辣椒出口占比从2000年的48.13%增至2017年的65.81%。中国是鲜辣椒第一生产国，但出口额不及韩国和土耳其，2017年出口额位居世界第九；干辣椒出口位居世界第二，2015年以来，出口额持续增长。印度是最大的干辣椒出口国，在世界辣椒贸易中的占比持续升高。

随着食辣地域、人群不断扩大和辣椒产品用途不断扩展，辣椒加工业发展得很快，产品也朝着多样化方向发展。目前，全球辣椒和辣椒制品多达1000余种，其贸易量超过了咖啡与茶叶，年贸易额近300亿美元。其中以油辣椒、辣椒酱、辣椒油等辣椒调味品为主的辣椒加工制品，全球年产量超过百万吨。而随着产品功能的不断开发与应用范围的扩展，附加值高的辣椒深加工产品如辣椒色素、辣椒籽油、辣椒油树脂、辣椒碱等，用于医疗、化妆、食品添加等精深加工产品的市场前景广阔。

二　我国辣椒产业现状

我国是世界第一大辣椒（含甜椒）生产国与消费国。据 2018 年统计数据，我国辣椒种植面积为 3220 万亩，占全国蔬菜种植面积的 9.28%；年产量为 6399.4 万吨，占全国蔬菜总产量的 7.76%。我国辣椒产值达 2500 亿元，占全国蔬菜总产值的 11.36%。辣椒已成为我国第一大单品蔬菜，贵州、河南、山东等辣椒主产区的种植面积仍保持上升态势。辣椒适应性强、类型多样、经济效益高，已成为我国乡村振兴和精准脱贫的重要抓手。

随着我国食品加工业的持续发展，辣椒加工业也呈现出食品多元化与细分化、加工技术现代化、产品质量标准化、产业规模化、资源利用高值化与综合化等特点。近年来，国家加大农业投入，全国辣椒总产量有所增加，一批有影响力的产品品牌和龙头企业相继诞生，提高了辣椒精、深加工产品比重，促进了辣椒产业化发展。

2009 年，农业部启动了"干制辣椒品种优化及安全高效生产关键技术研究与示范"行业（农业）科技专项，聚合全国的科研和生产优势力量，由重庆、湖南、贵州、云南、四川、陕西等 25 个科研、生产单位协作攻关，开展了品种创新与技术集成，为加工型辣椒产业提供科技支撑，促进了产业的持续健康发展。

1. 我国辣椒品种资源

我国地域辽阔，气候、土壤类型复杂，栽培制度多样，逐渐形成了丰富多样的辣椒品种资源。按果形可分为线椒、羊角椒、牛角椒等类型，还可分为灯笼形、扁柿形、圆锥形、指形、樱桃形及果面皱皮类型；按花色不同可分为白花型和紫花型，包括栽培种和野生种；按品质风味不同有肉厚、味甜的类型，也有香辣味浓、果皮软薄的类型；按生长习性和抗逆性的表现可分为耐干旱类型及喜冷凉类型等。

近年来，我国辣椒生产格局已从分散型向规模化发展转变，形成了以下 7 个主要产区，现将各产区及主要种植品种介绍如下。

（1）华南辣椒主产区　主要包括四川、重庆、贵州、云南、湖南、江西、湖北等嗜辣地区，辣椒品种类型主要有朝天椒、线椒、干辣椒、薄皮泡椒、羊角椒等。朝天椒主要品种有石柱红类型、遵椒类型、艳红425、湘研712、湘研星秀、博辣天玉、博辣酱椒1号等；线椒主要品种有二荆条类型、辣丰3号、博辣艳丽、博辣新红秀、长辣7号、辛香8号、湘辣17号、湘辣18号等；羊角椒主要品种有辛香2号等。云南辣椒市场较大，鲜辣椒有甜锥椒如甜杂1号类型、艳红、艳美朝天椒、腊八螺丝椒等，干辣椒有丘北辣椒类型。

（2）华中辣椒主产区　主要包括河南、安徽、江苏、河北南部等地区。露地栽培以朝天椒（如三鹰椒、艳红、艳美）为主，越夏麦茬栽培以青皮尖椒为主，部分线椒品种则以辛香8号、辣丰3号、博辣艳丽为主。早春保护地和秋延保护地栽培以大果型泡椒（如好农11号、农大301类型）、薄皮泡椒和早熟黄皮尖椒为主。长江中下游地区安徽、江苏等地的薄皮泡椒以改良苏椒5号类型为主。

（3）西北辣椒主产区　主要包括甘肃、新疆、陕西等西北地区，辣椒品种类型以加工干辣椒、大果型螺丝椒、厚皮甜椒为主。新疆干辣椒主要是铁皮椒、板椒、线椒类型等，主要品种有红龙13号、红龙18号、博辣红牛、益都红、美国红、8819等。大果型螺丝椒以陇椒、猪大肠系列为代表。陕西线椒主要品种有8819、博辣新红秀等。

（4）东北露地夏秋辣椒主产区　主要包括东北三省、宁夏、内蒙古等辣椒种植区域，辣椒品种类型以厚皮甜椒和粗黄绿皮尖椒为主。麻辣椒在辽宁地区有一定的种植面积，品种以沈椒系列为主。吉林等地干辣椒品种以金塔类型为主。

（5）北方保护地辣椒生产区（设施生产区）　主要包括山东、河北、辽宁等华北、华东地区温室和大棚秋延等辣椒种植区域，辣椒品种类型以大果型牛角椒、高品质的大果型黄皮椒（如37-74、喜羊羊类型）、厚皮甜椒（如陆帅、红方、黄贵人、奥黛丽、中椒1615等）为主，早熟大果型甜椒（如中椒107号类型）的种植面积呈增长趋势。

（6）南方冬季辣椒北运主产区（气候优势区）　主要包括海南、广东、广西、云南、福建5个省区辣椒南菜北运基地，该区域利用天然的气候条件进行辣椒生产，冬季辣椒北运供应市场。近年来南菜北运基地种植规模有所缩减，一是由于北方保护地辣椒的发展，抢占了一部分北方冬季辣椒市场；二是北运基地多年连作导致病虫害发生严重，种植效益下降，部分椒农放弃种植，特别是甜椒；三是西菜东运的种植面积也有所增加。辣椒品种类型主要为大果型牛角椒、薄皮泡椒、黄皮尖椒、青皮尖椒等，品种主要有茂青系列、惠青系列、辣丰3号、博辣艳丽、博辣15号、苏润系列线椒、艳红、艳美朝天椒、改良苏椒5号类型等；甜椒主要有中椒105号、中椒0808等。

（7）高海拔辣椒主产区（海拔优势区） 在内蒙古、河北、甘肃、宁夏、山西、湖北、贵州、云南等海拔较高的地区，进行越夏栽培而形成一些自然种植区域，生产辣椒东运和南运，补充东部和南部地区夏秋淡季甜椒的供应。辣椒品种类型主要有用于鲜食和脱水加工的中晚熟甜椒，鲜食品种主要有中椒4号类型；脱水加工品种主要有茄门、北星8号等类型。河北北部以保护地栽培的彩椒为主；宁夏、甘肃以线椒、螺丝椒为主；湖北、云南以线椒、螺丝椒、薄皮辣椒为主；云南、贵州、湖北高山蔬菜中的红泡椒品种主要有中椒6号等。

2. 辣椒加工业发展状况

近年来，辣椒加工业发展迅猛。辣椒的加工，一是直接加工成干辣椒、辣椒粉、辣椒段等，销售给餐饮业、消费者或作为榨菜等加工的辅料；二是生产以辣椒为主的加工制品，如辣椒酱、剁辣椒、火锅底料等；三是辣椒色素、辣椒碱、辣椒籽油等精深加工产品的综合开发与利用。

干辣椒、辣椒粉加工主要在陕西、河北、河南、内蒙古、云南、贵州等地。河南、河北等地干辣椒生产成本较西南地区低，因此在加工上以干辣椒、辣椒粉等原料提供给西南地区油辣椒等制品加工企业，以调和辣味重的当地原料，满足不同消费者的需求。

辣椒制品加工主要在重庆、贵州、云南、湖南等地。重庆、贵州、云南等地辣椒产区海拔较高，夏季气温高、伏旱时间较长，对辣椒素等营养物质的形成有利。辣椒品种辣味重、油分含量高、香味浓、皮薄肉厚、籽粒少、干物质含量高，干椒耐熬煮而皮不破烂。西南地区加工辣椒由于多次采收，劳动投入、人工加工投入较大，与西北及华中产区相比，生产性投入较其他产区高12000～15000元/公顷，干辣椒成本均价为18～20元/千克，在价格上不具备优势，无法满足深加工的要求，因此主要用于调配火锅底料、辣椒制品加工。其中，油辣椒加工品占市场的60%以上，主要在贵州、重庆、四川；发酵辣椒加工主要在重庆、湖南。主要生产企业有贵州老干妈、好花红，湖南辣妹子，重庆小天鹅、谭妹子等。

辣椒深加工主要是辣椒素、辣椒红素的提取。目前我国辣椒深加工企业逾20家，主要集中分布于原料产地及其周边地区，其中河北9家，山东10家，东北、四川各1家。各厂家均立足以山东的"益都红""兖州红"为原料进行生产，色价一般可达180～260，远远高于国家标准，色调为0.995～1.01，脱辣比较理想，得率也大幅度提高。近年来，各厂在生产中都不同程度地进行了技术改造，进一步完善工艺，使我国辣椒红素生产的总体技术水平和生产工艺的合理性都比过去有了大幅度提高，产品的综合成本得以降低，竞争能力进一步增强。

3. 我国加工型辣椒育种发展状况

辣椒属于常异花授粉植物，其杂种优势明显，产量较高，品质好，抗逆性强。育种工作者在"辣椒种质资源的鉴定与评价"及"辣椒新品种选育与育种技术研究"工作的基础上，集全国辣椒遗传育种的主要科技力量，基本解决了鲜食辣椒新品种的选育问题，生产用种的90%为一代杂交种。加工辣椒以收获干辣椒为主，整椒出口或者加工成色素、辣椒酱，其品种特性主要表现为株型紧凑、结果集中、椒果生理成熟后在植株上的失水速度适当、椒干形状优美、色泽好、色素含量高、抗病（以炭疽病为主）、抗逆（主要抗日灼）。目前，85%的干辣椒品种仍为提纯复壮方法选育的地方品种，主要为朝天椒、线椒，如益都红、兖州红（兖州干辣椒）、鸡泽辣椒、三鹰椒、8819线椒、丘北线椒、陕椒2002、陕早红（高辣椒红素含量）、新椒21号、龙椒8号和贵干椒等。

朝天椒品种的研究与利用，日本、韩国处于领先地位。我国簇生朝天椒经过40余年的栽培，常规品种主要是从日本三樱椒系列选育出了一些具有特色的地方品种，如河南柘城的子弹头，临颍的三樱椒6号、三樱椒8号和红太阳，以及河北保定的新一代等。韩国在雄性不育三系和两用系研究与利用方面非常出色，干辣椒育种水平居世界第一，95%以上的品种是利用雄性不育系育成的，如金塔、火鹤3号、新统一等，其抗病性、耐热性及露地适应性较强，而且干辣椒的品质好、色泽好。20世纪末由韩国兴农种子公司育成的簇生朝天椒杂交种天宇3号在我国开始推广销售，该品种长势强、抗性好、辣味浓，但其果实不易自然风干，而且花皮率高，只能烘干或作为鲜辣椒使用。因此，该品种占我国簇生朝天椒种植面积的比例一直在2%左右。韩国其他种子公司育成的簇生朝天椒杂交种也不易自然风干，且品种的数量很少。

近几年来，我国利用杂种优势育种技术选育的干辣椒育种材料有：重庆市农业科学院蔬菜花卉研究所选育的艳椒系列，三明市农业科学研究院选育的明椒系列，安徽省农业科学院园艺所选育的皖椒18号，江西省农业科学院蔬菜花卉研究所选育的赣丰辣线101，湖南省蔬菜研究所选育的博辣5号，北京农林科学研究院利用雄性不育系育成的京辣2号、国塔102、国塔103等干鲜两用辣椒品种，贵州省辣椒研究所选育的发酵加工型辣椒品种黔辣9331，天水市农业科学研究所选育的加工型辣椒天椒11号，河南省开封市红绿辣椒所选育的丰收4号、望天红一号，四川省川椒种业科技有限公司选育的红椒干鲜1号和2号，甘肃省天水神舟绿鹏农业科技有限公司利用空间诱变等技术选育的加工型黄色辣椒品种航椒黄帅及制酱专用品种热辣2号。

随着加工型辣椒育种研究的深入，一些基础性问题也逐渐突显。一方面，我国加工型辣椒种质资源遗传基础狭窄。甜椒、羊角椒、牛角椒、线椒、螺丝椒等不同类型的资源在种属分类上多属于 annuum 栽培种，部分种质资源属于 frutescens 栽培种（小米椒），少数属于 chinese 栽培种（海南的黄灯笼椒），主要是秦巴山区的灌木状辣椒。姚明华等利用分子标记SSR、RAPD 和 RSAP 等进行多态性分析，证实我国辣椒种质资源多态性低、遗传基础狭窄，加工型辣椒种质资源匮乏。我国在种质资源创新方面工作缺乏，材料创新少，这种狭窄的资源现状决定了我国加工型辣椒品种创新程度比较小。另一方面，我国与发达国家相比，在现代育种技术的应用与育种效率方面还存在一定的差距，分子标记辅助育种工作起步比较晚，开发的重要性状连锁的分子标记有限，真正应用于育种中的标记更少，同时构建的分子标记遗传图谱精细度不够，因此分子标记辅助育种实践较少。而国外育种机构，分子标记辅助选择育种技术已经成为其常规技术，将特异种质资源和先进育种手段充分结合，选育的品种国际竞争能力很强。韩国干辣椒产品中95%以上采用不育系制种，在干辣椒市场上适应能力很强。经过近些年的发展，我国三系配套育种和花药培养技术也逐步应用于生产。

4. 我国辣椒产业发展的短板

1）育种进展缓慢，品种难以满足辣椒产业快速发展的需要。对长期种植的特色地方品种提纯复壮不够，出现品种种性退化现象，特别是在一些干鲜两用的加工型辣椒产区，种植的多为地方常规品种，存在品种退化、抗病性差、产量低、色泽及品质一般等问题，亟待提纯改良；对于常规品种，除农民自留种以外，商品种大多是辣椒加工后的副产品，种子质量参差不齐。品种同质化严重，大众品种多，缺少满足不同消费群体的特色型品种与适合深加工等的专用型品种，制约了辣椒功能的开发与利用。辣椒种子经营企业多，但普遍经营规模小，研发能力与经营水平还有待进一步提升。

2）粗放栽培、连作重茬等问题严重，人工成本持续上升，种植效益不稳定。一些地区辣椒生产栽培技术落后，管理粗放，人工投入不足，导致辣椒单产低、品质差。缺乏辣椒专用肥料，一些地区没有按照辣椒的需肥规律施肥，肥料使用不合理，或只重视化学肥料的使用，几乎不施有机肥，带来一系列的土壤问题。对主要辣椒病虫害的发生规律认识不清，防治措施不配套，综合防治水平低。在辣椒主产区，随着栽培面积的不断扩大，轮作倒茬困难，常年连作或迎茬种植，导致辣椒疫病等土传性病害逐年加重，蚜虫和飞虱等虫害屡屡发生，直接影响了辣椒的产量和效益。辣椒种植机械化水平低，随着人工成本的持续上升，规模化发展受限。

3）辣椒加工业整体发展水平较低。我国的辣椒加工企业虽然数以千计，但以小企业为主，品牌杂而乱，加工设施简陋，技术落后，加工工艺原始，加工能力不足。规模小的辣椒加工企业，技术创新能力通常不足，抗风险能力差，产品质量也无法得到有效的保障。缺乏现代管理制度与行业规范，标准化程度低。品牌意识淡薄，品牌化水平低，产品互相模仿、重复，包装雷同，价格相互打压，往往出现无序的恶性竞争，难以形成具有较大影响力和较高知名度的辣椒加工产品品牌，缺乏市场竞争力。辣椒初级产品加工企业多，精深加工企业少，辣椒加工副产品的综合利用水平还很低，影响了辣椒产业综合效益的提高。

4）辣椒产业发展的市场体系不够健全。据统计，我国目前已建成上百个年吞吐量上万吨的辣椒专业批发市场，但与每年近3000万吨的干、鲜辣椒产量相比，市场建设明显不足，市场覆盖面仍然较低，不少辣椒主产区辣椒交易不便的问题依然突出。另外，已经形成的且在国内影响较大的几个大型专业批发市场，经营品种单一，大多以经营干辣椒为主，市场服务系统不完善，服务功能不健全，电子商务应用尚处在起步阶段。由于信息不对称，辣椒生产与市场之间缺乏有效衔接，导致辣椒价格和效益年际间波动很大，影响了农民种植辣椒的积极性和辣椒产业的持续健康发展。

5. 我国辣椒产业发展的建议与对策

1）加大资金支持力度，提升产业科技水平。辣椒加工产业链长，采后增值潜力大，但与其他蔬菜产业相比，总体还处于较低水平，需要加大科技创新力度，并长期支持，以进一步提高产业科技水平，实现可持续发展。

2）加强辣椒新品种选育，特别是专用品种的培育，提升种子质量。根据国内外辣椒生产和消费需求，不断创新育种目标，加快培育抗病性和抗逆性强，满足不同生态条件、不同熟期、不同用途要求的多种专用型品种，特别是适应辣椒加工业发展的需要，注重培育高色素含量、高辣椒碱、高辣度等加工专用型辣椒新品种。充分发挥我国地方辣椒品种资源丰富的优势，加强地方特色优良辣椒品种的保护与提纯改良工作。顺应国内外种业发展的大趋势，促使辣椒种业朝着种子生产专业化、种子质量标准化、种子供应商品化、品种杂优化等方向发展，使种子育、繁、推一体化经营迈上一个新的台阶，以适应辣椒产业不断发展壮大的需要。

3）因地制宜，加强基地建设。我国辣椒品种具有很强的区域性和独立性，因此应注重结合气候优势、区位特点、技术基础，针对不同的生态区域和消费需求建设不同类型的生产基地，形成区域特色的生产基地，满足市场与原料生产需求。加工企业应与基地紧密结合，根据加工产品对原料的需求，建设自己的原料基地，形成规模化种植和"公司＋基地＋农户"的产业化格局，实现区域化、规模化发展。对基地农民加强加工型辣椒规范化栽培技术方面的培训，从质量安全源头做起，突出优质、安全和绿色导向，建立农产品全程追溯制度，确保产品质量和食品安全，以提高产品档次和附加值。

4）加强技术推广，提高生产效率，促进产业可持续发展。开展辣椒连作障碍治理等关键技术攻关，缓解老基地的连作障碍，发展生物多样性栽培，提高耕地利用率和生产率，积极养地，实现产业可持续发展。加强新型农机具研发，应用轻简化技术，缩减种植过程中的劳动力投入。进一步提高辣椒机械化加工的效率，降低能耗。强化技术服务，避免面积扩张带来的技术不到位的风险。

5）延长产业链，使加工产品向多方位拓展，培育壮大龙头企业。发挥我国辣椒品种资源优势，优化辣椒加工业结构，提升行业专业化和组织化程度，提高加工企业生产水平、生产工艺，拓展辣椒制品加工产品类型，开发高附加值产品，提高产品质量和档次，延伸产业链条。细分市场，创新产品以满足不同消费者的需求。借助"一带一路"建设，积极拓展国际市场。为适应国际辣椒市场发展的需要。应逐步建立辣椒加工制品和辣椒深加工产品等产品质量标准体系并与国际标准接轨，使规模大、效益好、带动能力强的加工型辣椒产业化龙头企业不断成长起来，提高我国辣椒产业发展的国际竞争力。

6）加强辣椒产业信息体系建设，实现产业与数据的融合。运用互联网、大数据和云计算，及时、准确地了解和掌握国内外辣椒种植面积、品种、产量、供应量、辣椒制品需求与产品要求等方面的信息，实现辣椒产、销时时对接，有效解决辣椒生产经营过程中经常出现的区域过剩、品种过剩、时段过剩等问题，实现大数据对产业发展的精准指导，减少盲目生产，切实保障农民收益和辣椒加工企业利益。对消费市场和生产过程的大量数据进行采集与分析，通过实时监控和大数据的精准分析，实现企业的精准生产与营销。根据进口国对辣椒深加工产品的质量技术要求，及时调整产品质量，以符合产品的出口要求，降低出口过程的经济损失。

第二章　辣椒的特征特性及对环境条件的要求

第一节　辣椒的植物学特性

一　根

辣椒属于浅根性植物，根系不发达，主要根群分布在距地表 10～30 厘米的土层中，移过苗的辣椒根群多集中在距地表 10～15 厘米的土层内。辣椒种子发芽后，主根垂直伸长的同时，不断在两侧发生侧根，侧根的生出方向与子叶方向一致。与茄子、番茄相比，辣椒根系发育弱，再生能力差，根量少，茎基部不易发生不定根，侧根上着生有大量的根毛，主要分布在距地表 5～10 厘米的土层内，根毛和幼嫩的根端表皮细胞是吸收水分和养分的主要器官，其寿命虽然短暂，但可持续地分化和生长发育。在土壤温度为 21℃、水分条件适宜的情况下，根毛发生最迅速，主根和侧根的木栓化程度较高，主要起到输导和支持植株的作用，恢复能力弱。因此，育苗时要促根、保根，移栽定植时注意创造发根、发棵的条件，这对辣椒的丰产至关重要。

二　茎

辣椒茎直立生长，基部木质化，黄绿色，有深绿色纵纹，有的为紫色，较坚韧。不同辣椒品种的茎高不同，一般为 30～80 厘米，有的辣椒品种茎高可达 150 厘米以上。子叶以上、分枝以下的直立圆茎为主茎，是全株的躯干，起着支持和输送水分、养分的作用。主茎以上的茎称为枝，分枝的形状多为"Y"字形，是植株结果的主要部位，也是水分、养分的输送渠道。

辣椒分枝力强且有规律，大多数辣椒品种为假二叉分枝。在主茎一定节位，由顶芽形成花芽、开花结出的第一个果实，叫门椒。门椒下面两侧芽抽出生长，形成叉状分枝，两个分枝长出一两片叶后形成二次叉状分枝，又结2个果实，叫对椒。此后又出现第三次叉状分枝，结出4个果实，叫四母斗；第四次叉状分枝结8个果实，叫八面风；第五次叉状分枝以后的果实统称为满天星。

小果型品种植株高大，分枝多，株幅大；大果型品种分枝少，株幅小。按照分枝结果习性的不同，可将辣椒分为无限分枝及有限分枝两种类型。

1. 无限分枝类型

植株高大，生长势强，当主茎长到7～15片真叶时，顶芽分化为花芽，由下面2～3节的腋芽抽生2～3个侧枝，花（果实）着生在分叉处。各个侧枝生长数节后可依次分枝、着花、坐果，只要环境条件适宜，可以无限分枝生长，只是后期由于果实生长的影响，分枝变得不太规律，所抽生的侧枝数有所减少或枝条生长势强弱不等。绝大多数辣椒栽培品种属此类型。

2. 有限分枝类型

株型矮小、紧凑，主茎生长至一定叶数后顶芽分化成簇生的多个花芽，由花簇下部的多个腋芽抽生分枝，分枝的叶腋还可能抽生副侧枝，在侧枝和副侧枝的顶部均可形成花簇，以后植株不再抽生分枝，植株封顶，各种簇生朝天椒属此类型。该分枝类型的辣椒基部主茎各节叶腋均可抽生侧枝，但开花较迟，生产上应及时摘除，以利于通风透光，减少养分消耗。天鹰椒的主枝顶花芽开花早，果型偏大，且影响结果侧枝的生长，在现蕾时应及时摘除。簇生朝天椒植株矮小，茎粗1厘米左右，株高30～70厘米，一般单株分枝3～5个，地力肥沃时，单株可分枝10多个，株幅30～50厘米，适合密植。

 三 叶

辣椒的叶子有子叶、真叶两种。子叶有两片，呈棱形，不同品种之间

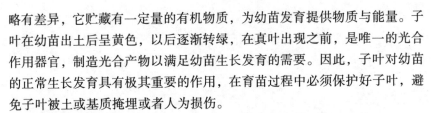

略有差异，它贮藏有一定量的有机物质，为幼苗发育提供物质与能量。子叶在幼苗出土后呈黄色，以后逐渐转绿，在真叶出现之前，是唯一的光合作用器官，制造光合产物以满足幼苗生长发育的需要。因此，子叶对幼苗的正常生长发育具有极其重要的作用，在育苗过程中必须保护好子叶，避免子叶被土或基质掩埋或者人为损伤。

辣椒的叶片为单叶、互生、全缘，卵圆形、椭圆形或披针形，先端渐尖，叶面光滑、微具光泽，少数品种叶面密生茸毛。有研究表明，辣椒叶片大小、色泽与果实的色泽、大小有相关性。

叶片的大小、叶面绿色的深浅与品种和栽培条件有关，一般叶片硕大、为深绿色时，果型也较大，果面绿色也较深。氮肥充足，叶形长；若氮肥过多，则叶柄长，先端嫩叶凹凸不平。健壮植株的叶片舒展，有光泽，颜色较深，心叶颜色较浅；反之，叶片不舒展，叶色暗，无光泽或心叶变黄、皱缩。

朝天椒的叶柄一般长 3～10 厘米，叶片长 7～9 厘米、宽 3～5 厘米，卵圆形或长卵圆形，网状叶脉。主茎叶片较大，侧枝叶片较小，花簇上丛生的叶片更小，叶色浓绿，微带红色。若叶片变小，叶色变浅，则是朝天椒退化变异的表现。

辣椒叶片的主要功能是进行光合作用，制造植株生长发育所必需的营养物质。除此之外，叶片的另一项重要功能是进行蒸腾作用。植株从根部不断吸收水分，叶片通过气孔不断蒸腾水分，同时随水运输无机养分，这样就能供应植株所需要的水分和无机养分。蒸腾作用的大小因品种而异，还与外界环境条件有很大的关系，气温、湿度和风速都严重影响植株的蒸腾作用，气温高、湿度低、风速快，蒸腾作用就大，反之蒸腾作用就小。而当外界温度过高时，叶面上的气孔会自动关闭进行自我保护。耐热辣椒品种，蒸腾作用大，水分随蒸腾作用散失，同时带走大量热量，从而降低植株温度，提高其耐热性能。

叶片还可以直接吸收无机养分。在辣椒生长后期，土壤施肥不便时，可通过叶片喷施叶面肥及生长调节剂。这些物质被叶片吸收后，可输送到植物体的各个部位发挥作用，在短时间内可使植株生长更加旺盛，叶片颜色更加浓绿，叶面积增大，叶片增厚，新陈代谢加快，从而延缓植株衰老及延长叶片功能期。

辣椒的叶片含有多种营养物质，具有很高的食用价值。叶片中的氨基酸、钙、铁、锌等物质含量均高于果实；叶甘而鲜嫩，可做汤或炒食，口感好，且具有除湿健胃、补肝明目等医疗保健作用，具有开发前景。

四 花

辣椒的花为完全花，单生、丛生（1~3朵）或簇生，着生于分叉点上。甜椒花蕾大而圆，而辣椒花蕾较小而长，多数品种花冠白色无味，少数为浅紫色，由5~7片花瓣组成，雄蕊为5~7枚，整齐地排列在雌蕊周围，基部合生。由花芽分化到萼片、花瓣发生需7~8天，而到雌蕊、雄蕊发生也需7~8天，至花粉、胚珠形成约需10天，至最后开花还需要5天左右。花药为紫色或浅紫色，柱头与雄蕊的花药靠近，一般品种的雄蕊与柱头平齐或稍长，也有少数品种或营养不良时易出现短柱花，短柱花常因授粉不良导致落花落果。花药纵裂，与其他茄果类蔬菜不同的是辣椒花瓣一经开放，花药即开裂，花粉立即散出。雌蕊由柱头、花柱和子房三部分组成。柱头上有刺状凸起，当雄蕊花粉成熟时，柱头开始分泌黏液，以便黏着花粉，一旦花粉发芽，花粉管便通过花柱到达子房完成受精，形成种子。与此同时，子房膨大发育成果实。在首花（第一朵花）下面的各节也能抽生侧枝，在侧枝的第2~7节着生花。

有些品种如遵义子弹头，像其他辣椒品种一样为假二叉状无限分枝。花单生在分叉处，完全花，钟形，花柄短，长1厘米左右。花萼5片，少数为6片，绿色，基部联合，花谢后花萼宿存，直到果实成熟，属单被花。花冠5片，少数为6~7片，白色，基部联合，直径为1厘米左右。雌雄同花，雄蕊5枚，少数为6~7枚，浅紫色，环生在柱头的周围。花药为袋状，长约2毫米，背部与花丝连接；雌蕊1枚，上粗下细，柱头膨大，分长花柱、中花柱、短花柱3种，长花柱高出雄蕊，短花柱则与雄蕊相平。

（1）开花习性 辣椒属常异交作物，天然异交率高，甜椒品种一般在10%左右，其他辣椒品种有的可达30%~40%。辣椒的首花节位，早熟品种一般在主茎的第4~9叶节，晚熟品种在第14~24叶节。开花顺序以第一朵花为中心，以同心圆形式逐渐开放，一般在第一层花开花后3~4天，上一层即可开放，如此由下而上进行。在正常条件下，花蕾发育时由青绿变黄绿渐至白色，当花瓣明显长于萼片后即可开放。开花多在早晨6:00～8:00，少数在10:00以后开放，阴天则开放较晚。一般先开花，后裂药，裂药后花粉便大量散出。在天气炎热而干燥时，也有少数花先裂药，后开花。每朵花自开放到凋谢历时3天左右。

在自然条件下，由于菜粉蝶、蜜蜂、有翅蚜、蓟马等昆虫活动，常常造成品种间杂交，所以在进行良种繁育时，应注意品种间的空间隔离，一般不小于500米。

（2）授粉习性 当柱头接受花粉后，花粉在适宜温湿度条件下萌发并形成花粉管，通过花柱进入子房，完成受精作用。辣椒花粉萌发快慢与温度高低甚为密切，温度适宜时，花粉萌发快；温度过低或过高时，花粉萌发迅速减慢，最适宜萌发温度为20～25℃。甜椒花粉萌发温度偏低，辣椒花粉萌发温度偏高。辣椒以开花当天的花粉活力最强，授粉后坐果率最高，开花前一天的花粉活力次之，开花后一天的花粉活力则明显下降。在授粉前将花粉储存在温度为20～22℃、空气相对湿度为50%～55%的条件下，其活力能保持8～9天。雌蕊在开花前两天即具有受精能力，但以开花当天受精能力最强，开花前一天次之，开花后2～3天雌蕊受精能力明显减弱或丧失。甜椒授粉后8小时开始受精，24小时后完成受精。

五 果实

辣椒的果实为浆果，其形状大小因品种类型不同而差异显著，形状有扁圆形、圆形、圆三棱形、长角形、羊角形、线形、圆锥形、樱桃形等多种，大小也有纵径30厘米长的线椒或牛角椒，果宽15厘米以上的大甜椒；小如稻谷的细米椒等多种。果肉厚0.1～0.6厘米，单果重从数克至数百克。萼片呈多角形，绿色。因果肩有凹陷、宽肩、圆肩之分，其着生状态也分别为凹陷、平肩、抱肩；甜椒品种多凹陷，鲜辣椒品种多平肩，干辣椒品种多抱肩。辣椒的胎座不发达，种子腔很大，会形成大的空腔，种室2～4个。果实着生多下垂，少数品种向上直立，如朝天椒类型等。辣椒自授粉到果实充分膨大达到绿熟期需25～30天，到红熟期需45～50天，甚至60天。果实的发育需要吸收大量的养分，此时茎叶的生长会受到抑制，所以辣椒果实要适时采收以促进茎叶不断抽生。

辣椒果实中含有较多的番茄红素和辣椒素。一般大果型甜椒品种不含或微含辣椒素，小果型辣椒品种则辣椒素含量高、辛辣味浓，加工型辣椒均为辣椒素含量高的品种。未成熟的果实辣椒素含量较少，成熟的果实辣味较浓、辣椒素含量较高。

不同基因型间的辣椒果实颜色有很大差异，同一品种的果实颜色在生长过程中也有很大变化。在果实未成熟阶段，类胡萝卜素含量极少，主要是叶绿素着色，所以是青绿色；到了成熟阶段，β胡萝卜素、叶黄素、辣红素、辣椒醇含量增加，果实变成深红色；摘下的果实特别是半成熟的果实在阳光下暴晒易褪色。

六 种子

辣椒种子主要着生在胎座上，少数种子着生在种室隔膜上，近圆形，扁平微皱，略具光泽，浅黄色或金黄色。种皮较厚实，故发芽不及茄子、番茄快。种子千粒重一般为 6 ~ 9 克。辣椒种子的大小、轻重因品种不同而差异较大，中等大小的种子千粒重为 6 ~ 7 克。经充分干燥后的种子，如果密封包装在 -4℃条件下储存 10 年，发芽率可达76%；室温下密封包装储存 5 ~ 7 年，发芽率可达 50% ~ 70%。我国南方气温高，湿度大，一般贮藏条件下的种子寿命要短一些。

第二节　辣椒的生长发育周期

辣椒的生长发育周期包括发芽期、幼苗期、初花期和结果期。

一 发芽期

发芽期是指种子萌动到子叶展开、真叶显露的时期。在温、湿度适宜且通气良好的条件下，从播种到出现真叶需 10 ~ 15 天。发芽时胚根最先生长，并顶出发芽孔扎入土壤中，这时，子叶仍留在种子内，继续从胚乳中吸取养分。其后，下胚轴开始伸长，呈弯弓状露出土面，进而把子叶拉出土表，种皮因覆土的阻力而滞留于土壤中。这一时期种苗由异养过渡到自养，开始吸收和制造营养物质，生长量比较小。管理上应促进种子迅速发芽出土，否则既消耗了种子内的营养，又不能及时使种苗由异养转入自养阶段，导致幼苗生长偏弱，茎秆细弱。同时要注意保护好子叶，保证幼苗尽早进行光合作用。

在同等条件下，均匀饱满的种子发芽快而整齐，幼苗生长势强。因此，应选择饱满充实的种子作为播种材料。

 二　幼苗期

从第一片真叶显露到第一朵花现蕾为幼苗期，一般为 40～60 天。这一时期，植株生长迅速，代谢旺盛，子叶光合作用产生的营养物质除供给自身的消耗外，几乎全部供给幼根、幼茎和叶片的生长发育需要。当辣椒幼苗长至 7～8 片真叶时，子叶作用逐渐削弱，直至成为不必要的器官而脱落。虽然幼苗期植株生长量小，但相对生长速度快，对养分、水分要求严格，生产中应进行精细管理、培育辣椒壮苗，为辣椒的优质高产打下基础。

幼苗期的长短因此期的温度和辣椒品种熟性的不同而有很大差异。在适宜温度下育苗，幼苗期为 30～50 天，在冬季温室育苗或早春冷床育苗时，辣椒的幼苗期可达 60～70 天。

从第一片真叶出现到具有 2～3 片真叶，辣椒幼苗以根系、茎叶生长为主，主要是为下阶段的花芽分化奠定营养基础。此时子叶的大小和生长质量直接影响首花花芽分化的早晚，真叶面积大小和生长质量将影响花芽分化的数量和质量。因此，在生产上应注意培育子叶肥厚，真叶较大、叶色浓绿的壮苗。

当辣椒幼苗长出 3～4 片真叶时，分化新叶的生长点由圆锥形的凸起变得肥厚、扁平，边缘外扩，紧接着相继进行萼片、花瓣、雄蕊的分化。雄蕊进一步形成花粉母细胞，雌蕊在心皮里继续分化形成胚珠、心室和胎座，进而发育形成完整的花器。

辣椒的花芽分化属营养支配型，是以旺盛生长促进发育和花芽分化的典型，只要植株体内的成花物质积累到一定数量后便进行花芽分化，并与外界环境条件密切相关。植株体内的营养物质含量是决定其是否进行花芽分化的内在因素。当幼苗期植株体内积累的各种营养物质少，磷、氮比较小时，植株体内的成花素含量少、开花较晚；当磷、氮比增加，植株体内碳水化合物含量增加时，植物激素含量会逐渐降低，成花素含量增加，可促进开花结果。

幼苗期要求较高的温度，白天温度为 25 ~ 28℃ 时利于叶片进行光合作用，对花芽分化也有利，夜间温度则以 15 ~ 20℃ 为宜。处于较高温度时，花芽分化时间早、节位低；夜间温度低，花芽分化时间延迟、节位高，但花的质量、子房的质量增加，品质提高。光照强度对辣椒花芽分化的影响不及番茄、茄子明显，但光照弱会使辣椒幼苗的光合作用降低，造成植株营养状态不良，降低成花质量，从而引起落花落蕾。因此，在辣椒育苗过程中，应适当加大苗间距离，有利于根系发育及光合作用，促进花芽分化，提高花的质量，这在低温弱光季节尤其重要。花芽分化对磷、氮比较敏感，若磷肥不足，则花芽分化不良，发育迟缓，花的质量低；若磷、氮充足，则花芽分化良好，结果率高。土壤水分充足，则花形成良好，开花结果好，茎叶发育正常；当土壤水分不足时，花的形成推迟、质量不好，坐果率降低。由于辣椒是多次开花、连续结果的蔬菜作物，因此，辣椒的花芽分化与茎叶的分化是交替进行的。

三　初花期

初花期是指第一朵花显大蕾到坐果的时期，一般是 20 ~ 30 天。这一时期是辣椒从以营养生长为主向以生殖生长为主过渡的转折时期，也是平衡营养生长与生殖生长的关键时期，管理措施直接影响到辣椒花器官的形成及产量，特别是对辣椒早期产量影响显著。若植株营养生长过旺，就会延缓植株的生殖生长，造成开花结果延迟和落花落果，直接降低产量；反之，如果花芽发育早或坐果过多，也会抑制营养生长，植株生长缓慢，果实产量低，所以这一时期要特别关注温度、湿度和水肥情况。

四　结果期

从门椒坐果到辣椒全部收获为结果期，不同品种类型的辣椒其结果期长短不同，一般为 90 ~ 120 天。这一时期是辣椒产量形成的关键时期，植株一方面不断进行花芽分化、发育、开花、结果、果实膨大，同时也进行茎叶的分化生长，二者相互影响。旺盛的营养生长是花芽分化和果实发育的基础，但如果营养生长过旺，就会抑制花芽分化和果实发育；同样，花芽分化过早或坐果过多，也会严重抑制植株的营养生长。

辣椒植株上的结果数增加，果实膨大，特别是果实采收晚，种子发育需要大量营养物质，此时新开花的质量会显著降低，数量也显著减少，结果率降低。若摘掉部分果实，花的质量便可显著提高，花的数量和结果率也会恢复正常。在结果期，果实是巨大营养库，叶片的同化物质优先向果实运转，向根系和茎叶的输送量锐减，其生长会受到一定程度的影响。因此，在辣椒生产过程中，应在进入辣椒结果期之前，创造良好的环境条件，培育强大的根系，促进茎叶旺盛生长，打下良好的营养基础；进入辣椒结果期，应适时采收，同时加强水肥管理和病虫害防治，保证茎叶正常生长，延长结果期，提高辣椒产量。

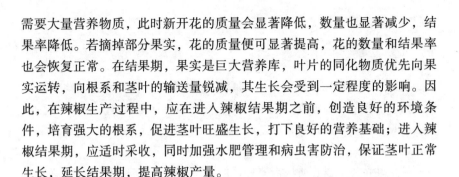

第三节　辣椒对环境条件的要求

一　温度

辣椒属喜温作物，种子发芽的适宜温度为 25~30℃，超过 35℃ 或低于 10℃ 都不能发芽。25℃ 时发芽需 4~5 天，15℃ 时需 10~15 天，12℃ 时需 20 天以上，10℃ 以下则难以发芽。苗期往往地温、气温较低，植株生长缓慢，要采取人工增温的办法防寒防冻。种子出芽后，随种苗的长大，耐低温的能力随之增强，具有 3 片以上真叶便能在 5℃ 不受冷害。

辣椒幼苗生长的适宜温度，白天为 25~30℃、夜间为 15~18℃，在此温度条件下，幼苗生长健壮，子叶肥大，对初生真叶和花芽分化有利。如果温度过高或者过低，将影响花芽的分化形成，最终影响产量。

进入初花期，随着植株生长对温度的要求也趋于严格。这一时期白天适宜的温度为 25~28℃，夜间为 15~20℃，低于 15℃ 辣椒就会受精不良，容易造成落花，若低于 10℃，辣椒则不能开花，已坐住的幼果也不能膨大，还容易出现畸形果。温度过高，如高于 35℃，辣椒花器官会发育不全或柱头干枯而不能受精，造成落花，还容易诱发辣椒病毒病。

果实发育和转色的适宜温度为 20~30℃，但最适温度为 25℃ 左右，并要求有较大的昼夜温差，白天为 26~30℃、夜间为 16~20℃。这样既可以使辣椒能进行较强的光合作用，并把光合作用制造的有机养分输送到根系、茎尖、花芽、果实等生产中心部位，同时减少呼吸作用对营养物质的消耗。但辣椒品种不同对温度的要求也有很大差异，大果型品种比小果型品种不耐高温，加工型辣椒品种耐热性普遍比较好。

二 光照

辣椒为喜光作物，光补偿点为 1500 勒克斯，光饱和点为 30000 勒克斯，为中性植物，在温度适宜条件下，一年四季均可栽培。但光照过强，易引起日灼病；光照过弱，则茎叶生长不良，体内营养差，坐果低，果实膨大速度迟缓。

辣椒幼苗生长发育阶段需要良好的光照条件，这是培育辣椒壮苗的必要条件。若光照充足，则幼苗节间短、茎粗壮，叶片厚且颜色深绿，根系发达，抗逆性强，不易感病，花芽分化好；若光照不足，则幼苗节间伸长，含水量增加，叶片较薄且颜色浅黄，根系短小不发达，花芽分化不良。

辣椒对光周期要求不严，光照时间长短对花芽分化和开花没有显著影响，长日照或短日照条件下都能进行花芽分化，但短日照条件下开花较早些。

三 水分

辣椒既不耐旱，又不耐涝，对水分的要求严格。但品种类型不同，对水分的要求会有差异，一般甜椒及鲜食型品种需水量多，加工型品种需水量较少。辣椒在各生长发育阶段的需水量也不相同，发芽期，种子只有吸水充足后才能正常发芽，一般催芽前种子需浸水 6~8 小时，过长或过短都不利于种子发芽。幼苗期需水量较少，此时土壤过湿、通气性差，会导致根系发育不良，植株生长纤弱，抗逆性差，易感病，因此，育苗期间苗床不要大量灌水，管理重点以控温降湿为主；定植后，植株的生长量加大，需水量增多，要适当浇水以满足植株生长发育的需要，但仍要控制水以利于地下根系生长，避免植株徒长。初花期需水量增加，要增大供水量，以促进植株分枝分叉、花芽分化、开花和坐果，但湿度过大会造成落花，以土见干见湿为宜，在管理上尤其要注意控制田间的空气湿度。果实膨大期需要的水分更多，若供水不足，果实膨大速度缓慢，果表皱缩、弯曲、色泽暗淡，形成畸形果，降低辣椒的产量和品质，因此，这一时期要给予辣椒充足的水分供应，应保持土壤湿润，宜小水勤浇。辣椒生长发育

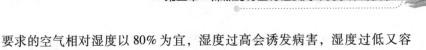

要求的空气相对湿度以 80% 为宜，湿度过高会诱发病害，湿度过低又容易出现落花落果现象，严重影响坐果率。

四 土壤

辣椒对土壤的要求不很严格，以土层深厚、土质疏松、水肥条件较好、富含有机质的壤土或砂壤土最为适宜。辣椒适宜的土壤 pH 以 6.2 ~ 7.8 为宜，在中性或微酸性的土壤上生长较好。制种辣椒授粉结果后，对水肥要求较高，最好选择保水、保肥、肥力水平较高的壤土。一般在砂性土壤中容易发苗，前期苗生长较快、坐果好，但容易衰老，后期果小，若水肥供应不上，会导致制种产量低。在黏性土壤中则前期发苗较慢，但生长比较稳定，后期土壤保水、保肥能力强，植株生长旺盛，有利于制种高产，缺点是不利于前期精耕细作，比较费时费工。

五 养分

辣椒整个生育期中对氮、磷、钾的要求较高，三者的施用量影响辣椒花芽分化。大果型品种氮肥比例可适当增多，干辣椒品种多施磷钾肥。氮、磷、钾三要素吸收比例一般为 1:0.2:1.4，即生产 1 吨辣椒产品，需氮 3.5 ~ 5.4 千克、磷 0.8 ~ 1.3 千克、钾 5.5 ~ 7.2 千克。此外，还需要吸收钙、镁、铁、硼、钼、锌等多种微量元素。

在不同生长发育时期，辣椒需肥种类和数量也各不相同。辣椒幼苗期生长量小，需肥量也相对较小，需施用适当的磷钾肥，以满足根系生长发育的需要。花芽分化期受施肥水平的影响极为明显，氮肥过量，易延缓花芽分化，磷肥不足，易形成不能结果的短柱花，适当增施磷钾肥，可使花芽分化提前、花量增加且质量提高。将幼苗移栽大田后，植株对氮磷肥的需求量增加，合理施用氮磷肥可促进根系发育。但如果氮肥施入量过多，植株易发生徒长，造成营养生长与生殖生长不平衡，推迟开花坐果且落花落果现象严重；同时，植株容易发生病毒病、疮痂病、疫病等病害。辣椒进入结果期后，对氮肥的需求量逐渐增加，到盛花盛果期达到最高峰。氮肥供应植株的营养生长，磷钾肥则促进植株根系生长、花果生长和果实膨大，以及增加果实的色泽等。辣椒的辣味也受氮、磷、钾肥料的影响，氮肥偏多、磷钾肥偏少时，辣椒的辣味降低，而磷钾肥较多时，辣椒的辣味浓。大果型品种如甜椒类型需要氮肥较多，而小果型品种如簇生椒类型需氮肥较少。因此，在辣椒栽培管理过程中，需要根据其品种特性科学配施氮、磷、钾肥。

辣椒为多次成熟、多次采收的蔬菜作物，采收期比较长，需肥量也较多，生产上除施足基肥外，一般采收1次辣椒，追肥1次，以满足植株旺盛生长和开花结果的需要。对于越夏栽培的辣椒，应多施磷钾肥以增强植株的抗逆能力，促进果实膨大，提高辣椒的产量和品质。在施足氮、磷、钾肥的同时，还应根据植株的生长发育情况施用适量的钙、镁、铁、硼、铜、锰等多种微量元素肥，预防各种缺素症状的发生，保证辣椒植株的正常生长发育。

第三章　加工型辣椒的优良品种

第一节　朝天椒类型

一　JN18-6

[选育单位]　济宁市农业科学研究院。

[品种来源]　常规品种，从三樱椒变异株系中选择育成。

[特征特性]　JN18-6（图3-1）为加工、干制兼用型，中早熟，植株生长势强，株型紧凑，株高78厘米，株幅33厘米，有效果枝为7个左右。果长6厘米左右，果肩径1.2厘米左右，果面光滑，嫩果为绿色，成熟果为深红色，色泽好，辣味中等，综合抗病能力强。鲜果实含维生素 C 156 毫克/100 克、总辣椒素 7.96 毫克/千克、蛋白质4.86克/100 克、可溶性总糖2.61%，坐果率高，单株结果125 个左右，果实大小均匀，色泽油亮，易于脱水。干鲜比为25.64%。

图 3-1　JN18-6

[栽培技术要点]　适合北方露地、麦套或蒜套栽培，一般3月中上旬育苗，4月底定植，定植后及时浇缓苗水，适时中耕蹲苗，封垄前应及时培土护根封沟，以利于排水，并结合培土追肥，一般每亩施三元复合肥（氮、磷、钾含量均为15%，下同）20千克。生长期间保持土壤见干见湿，雨季注意及时排除积水。采用双株定

植，参考密度为每亩 8000 株左右。田间注意预防苗期猝倒病、疫病、病毒病、炭疽病，以及蚜虫、烟青虫等常见病虫害。

 JN19-62

[选育单位]　济宁市农业科学研究院。

[品种来源]　常规品种，从三樱椒变异株系中选择育成。

[特征特性]　JN19-62（图3-2）为鲜食、加工兼用型，早熟，株高中等，一般为 60～70 厘米，分枝能力强，抗病性好，结果簇生向上，坐果多。小果，果长 4～5 厘米，果肩径 1～1.3 厘米，单果重 2～3 克，果色鲜红亮丽，熟期一致，易于一次性采收。

[栽培技术要点]　该品种适合北方麦套、蒜套栽培，一般 3 月中上旬育苗，4 月底定植，定植后及时浇缓苗水，适时中耕蹲苗，封垄

图 3-2　JN19-62

前应及时培土护根封沟，以利于排水，并结合培土追肥，一般每亩施三元复合肥 20 千克。生长期间保持土壤见干见湿，雨季注意及时排除积水。重施底肥，以有机肥为主，结果期追肥 2～3 次。株距 60 厘米，行距 33 厘米，采用单株定植，每亩栽 3500 株左右。田间注意预防苗期猝倒病、疫病、病毒病、炭疽病，以及蚜虫、烟青虫等常见病虫害。

三　日本三樱

[品种来源]　自日本引进。

[特征特性]　日本三樱（图3-3）为鲜食、加工兼用型。植株粗壮，株高 65 厘米左右，椒果朝天簇生，果齐早熟，不花不裂，坐果率高。单簇成果 16～20 个，果为角形，果长 6～7 厘米，果径 1.3 厘米。果实香辣、颜色深红油亮，绿椒特别少，商品性好，鲜果实含维生素 C 158 毫克/100 克、辣椒素 0.19%、干物质 20%。高抗黄瓜花叶病毒（CMV）病、

烟草花叶病毒（TMV）病、疫病、炭疽病，生长势旺盛，耐旱、耐涝，抗重茬，抗逆能力强，稳定性好。第1生长周期亩产340千克，比对照枥木三樱椒增产6.6%；第2生长周期亩产320千克，比对照枥木三樱椒增产5%。

图3-3　日本三樱

［栽培技术要点］　2月下旬拱棚育苗，每亩用种量为150克左右，4月下旬~5月上旬移栽，密度保持在8000株/亩，株距20厘米，行距40厘米。直播应在4月上旬，一般在当地5厘米地温稳定在15℃以上时为宜，定植后要及时中耕、除草、培土、打顶。在生育期间需要加强蚜虫、飞虱的防治。少施氮肥，多施磷钾肥、土杂肥。

［适宜种植区域］　适宜春夏季在河南、山东地区采用温床育苗移栽或大田直播。

四　佛手

［选育单位］　山东省华盛农业股份有限公司。

［品种来源］　PE09A×PE9240F。

［特征特性］　佛手（图3-4）为杂交种，鲜食、加工兼用型。植株高大，分枝能力强，簇生，每簇10~17个果，多的可达28个，果长5~6厘米，果径1.0厘米，辣味强。植株生长势旺盛，果形较大，在适宜生长条件下果实长度可达5~6厘米，果肩径0.8~1厘米，肉厚，转色后颜色深红。株型开展适中，叶色深绿，茎秆粗壮，抗倒伏能力强。

图3-4　佛手

中熟，连续坐果能力强，坐果多，果形顺直美观。鲜果实含维生素 C 140 毫克/100 克、辣椒素 4 毫克/千克。抗黄瓜花叶病毒病、烟草花叶病毒病、疫病、炭疽病，较耐热、耐干旱。第 1 生长周期亩产 200 千克，比对照天鹰椒（天津林亭口镇）增产 25%；第 2 生长周期亩产 150 千克，比对照天鹰椒（天津林亭口镇）增产 36%。

［栽培技术要点］ 适合露地栽培，且以 3 月初播种为宜。按大行 80 厘米、小行 60 厘米，起垄做畦，株距 50～60 厘米。定植后至门椒坐住前一般不浇肥水，根据生长势可喷施叶面肥，追肥应以腐殖酸、黄腐酸及生物肥料为主。防治蚜虫可用 15 厘米×40 厘米的黄板或 10% 吡虫啉可湿性粉剂 3000 倍液；防治病毒病可用 20% 病毒 A 可湿性粉剂 500 倍液，或 1.5% 植病灵乳剂 400～500 倍液 + 展叶灵 800 倍液，药物应交替或混合使用。

［适宜种植区域］ 适宜春季在甘肃、重庆、山东地区露地栽培。

注意 播种前晒种、浸种，沥去多余的水分，以不滴水为宜，外面包裹毛巾，在 28～30℃ 条件下催芽后播种，可防止种子带菌。果实色价偏低，不太适合采收干辣椒。随着病害的多发，需提前预防病毒病、脐腐病等。

五　跃进八号

［选育单位］ 青岛东凯农业科技有限公司。

［品种来源］ B59 × A67。

［特征特性］ 跃进八号（图 3-5）为杂交种，鲜食、加工兼用型的中熟簇生朝天椒品种。植株生长势一般，株高 65 厘米左右，株幅 65～70 厘米，首花节位为第 9～13 节。每簇结果 7～12 个，果实为小羊角形，果长 5.4～7.3 厘米，果宽 1.0 厘米，果肉厚 0.19 厘米左右，以 2 个心室为主，果尖尖，平均单果重 1.2～2.1 克，表面光亮，嫩果为绿色，成熟果为红

图 3-5　跃进八号

色，果顶尖，果皮薄，味辛辣，鲜果实含维生素 C 143.8 毫克/100 克、辣椒素 0.20%。中抗黄瓜花叶病毒病、烟草花叶病毒病，抗疫病、炭疽病。耐寒性一般，耐热、耐旱、耐涝性较强。第 1 生长周期亩产 1632.3 千克，比对照三樱椒增产 10.6%；第 2 生长周期亩产 1687.7 千克，比对照三樱椒增产 10.9%。

[栽培技术要点]　适时播种，在播种前先将种子消毒催芽，每亩播种量为 50～80 克。单株栽培，合理定植，每亩定植 4000～6000 穴，前期注意防止秧苗徒长。施足底肥，多施磷钾肥。果实及时采收，保证植株生长旺盛。苗期注意预防防冻害发生，生长期注意防治病虫害，以预防为主。

[适宜种植区域]　适宜春夏季在河南、安徽、山东、四川地区露地栽培。

注意　前期水肥不够易出现弱苗，影响总产量。果实红透后及时采收、干制，加强中后期水肥管理。夏季高温高湿，应注意病害防治及坐果力下降问题。

六　博辣天玉

[选育单位]　湖南省蔬菜研究所、湖南兴蔬种业有限公司。

[特征特性]　博辣天玉（图 3-6）为杂交种，中熟单生朝天椒。露地栽培时株高 70 厘米左右，株幅 63 厘米左右，首花节位为第 12 节左右。果长 8.5 厘米左右，果宽 1.2 厘米左右，果肉厚 1.4 毫米左右，味辣，嫩果为绿色，成熟果为橙红色或亮红色。适宜鲜食或剁制。

图 3-6　博辣天玉

[栽培技术要点]　适合进行丰产栽培，要求栽培于土层深厚的砂质土壤，参考株行距约 45 厘米×65 厘米。注意施足基肥，且以有机肥为主；坐果后及时追肥。

[适宜种植区域] 海南、湖南、山东和河南等地区。

七 天圣

[品种来源] 自韩国引进。

[特征特性] 天圣（图3-7）为干制、鲜食兼用型，中晚熟。株高为 100 ~ 120 厘米，株幅 50 厘米左右。果实朝天簇生，果长 5 ~ 6 厘米，果肩径 1.1 厘米左右，单果重 3 ~ 4 克。植株坐果力强，每簇结果 6 ~ 10 个。果实成熟后呈深红色，极辣。该品种抗花叶病毒病。

图 3-7 天圣

[产量表现] 每亩干辣椒产量为 350 ~ 450 千克。

[栽培技术要点] 育苗移栽适宜的苗龄为 60 天，适宜定植期为 4 月下旬 ~ 5 月上中旬，定植密度为每亩 4000 ~ 5000 株。露地直播时，适宜播期为 4 月中上旬，每亩用种量为 400 克左右。栽培过程中，应加强水肥管理，可适当多施钾肥，应喷施锌肥和硼肥。应做好病毒病、疫病等辣椒常见病害的防治。

八 艳椒435

[选育单位] 重庆市农业科学院。

[品种来源] 利用雄性不育系 481-4-1A 为母本，恢复系 1019-2-1-1-1-1 为父本培育的三系杂交加工型辣椒新品种。

[特征特性] 艳椒 435（图 3-8）为中晚熟品种，植株生长势较强，平均株高 85.6 厘米，株幅 66.1 厘米。首花节位为第 15 节。果实为小羊角形，单生朝上，平均果长 7.90 厘米，果肩径 1.47 厘米，果肉厚 0.16 厘米，平均单果重 8.1 克，较对照艳椒 425（6.5 克）高 24.6%，单株挂果 131.7 个，嫩果为深绿色，成熟果为大红色，果面光滑，有光泽。从定植到初花期一般需 45 天，从定植到红椒采收需 107 天，而重庆地区一般需 102 天。商

品果中含辣椒素 3331.81 毫克/千克，较对照艳椒 425（毫克/千克）高 22.48%；辣椒红素吸光度为 75.33；鲜果实含维生素 C 1012.0 毫克/千克、脂肪 90.0 克/千克、干物质 22.3%。味辛辣，硬度好，适宜鲜食、干制和泡制。丰产稳产，露地栽培鲜辣椒产量为 1762.67 千克/亩。抗病性强，表现为抗病毒病（成株期田间自然诱发鉴定病情指数为 5.3）、抗疫病（病情指数 6.8）、中抗炭疽病（离体果实鉴定发病率 12.5%）。

图 3-8 艳椒 435

［栽培技术要点］ 在重庆用大棚或小拱棚冷床栽培，于 2 月下旬~3 月中旬穴盘或撒播育苗，每亩用种量为 30 克左右。4 月上中旬~5 月上旬开沟起垄，垄宽 1.33 米，采用地膜覆盖、双行单株定植，株距 0.4 米，小行距 0.5 米，种植密度为 2500 株/亩。定植前 7 ~ 10 天沟施腐熟有机肥 2500 千克/亩、三元复合肥 50 千克/亩。结果盛期追施三元复合肥 20 千克/亩。加强田间管理，及时中耕除草。注意防治病毒病、疫病、灰霉病、炭疽病，以及红（白）蜘蛛、蚜虫、烟青虫等病虫害。

［适宜种植区域］ 2018、2019 年山东省济宁地区引种栽培，都表现优良。

九 艳椒 425

［选育单位］ 重庆市农业科学院。

［品种来源］ 481-4-1-1×750-1-1-1。

［特征特性］ 艳椒 425（图 3-9）为加工型杂交种。植株生长势强，

株型开展，侧枝抽生能力强，坐果多。果实为小尖椒，朝天单生，果面光滑，光泽度好，果肉薄，易于干制，综合农艺性状优良。平均株高91.8厘米，株幅84.5厘米，果长8.89厘米左右，果肩径1.10厘米左右，果肉厚0.14厘米左右。平均单株挂果154.6个，平均单果重4.5克，比对照朝天148挂果数多，单果也较重。鲜果实含维生素C 63.77毫克/100克、辣椒素2.7毫克/克、粗纤维34%、粗脂肪7.6克/100克。该品种抗黄瓜花叶病毒病、烟草花叶病毒病，中抗疫病、炭疽病。在田间自然诱发条件下，病毒病病情指数为1.55，炭疽病病情指数为1.2。

图3-9　艳椒425

[产量表现]　第1生长周期每亩鲜辣椒产量为1620.3千克，比对照朝天148增产29.16%；第2生长周期每亩鲜辣椒产量为1644.1千克，比对照朝天148增产20.4%。

[栽培技术要点]　在我国重庆及西南地区，采用塑料大棚冷床育苗是在11月中上旬催芽播种，每亩用种量为30克左右，可用营养钵育苗或撒播后假植育苗，也可采用大棚或小拱棚冷床在2月下旬～3月初播种育春苗。3月下旬～4月中旬定植，提倡采用地膜覆盖、双行单株定植，沟起垄，垄宽1.2～1.3米，株距40厘米，小行距50厘米，一般种植密度为每亩2500～2800穴。定植前应施足底肥，占施肥总量的60%～70%，即每亩施腐熟有机肥2500千克、三元复合肥50千克。施肥时应于定植前7～10天沟施。

[适宜种植区域]　可在重庆、贵州、湖南、湖北、四川地区露地或地膜覆盖栽培。2018、2019年山东省济宁地区引种栽培，都表现优良。

十　红贵2号

[选育单位]　北京大一种苗有限公司。

[品种来源]　CA111 × C31。

[特征特性]　红贵2号（图3-10）为鲜食、加工兼用型杂交种，中熟，簇生，生育期为180天左右。该品种分枝力强，每簇结果8~10个，整齐度好。嫩果为翠绿色，成熟果为深红色；果长6.4~6.8厘米，果肩径1.1~1.3厘米，单果重4.0~4.4克；果肉薄，辣味浓。鲜果实含维生素C 120毫克/100克、辣椒素4.8毫克/克。该品种中抗黄瓜花叶病毒病、烟草花叶病毒病、疫病、易感炭疽病。

图3-10　红贵2号

[产量表现]　第1生长周期每亩鲜辣椒产量为2015.0千克，比对照品种天字3号增产4.8%；第2生长周期每亩鲜辣椒产量为2042.0千克，比对照品种天字3号增产0.9%。

[栽培技术要点]　应选择肥沃、利于排灌的土地种植，每亩定植3300株。根据辣椒不同生长阶段，合理安排水肥。建议每7~10天喷施杀虫、杀菌药以预防病虫害。可利用侧枝提高该品种产量。

[适宜种植区域]　适宜春季在河南、山东等地区栽培。

十一　满山红

[选育单位]　安徽砀山县福达种业有限公司。

[特征特性]　满山红（图3-11）的亲本是韩国品种，早中熟，植株高大整齐美观，分枝能力强，结果簇生向上，坐果多。抗病能力强，嫩果为绿色，成熟果鲜艳亮丽，味道辛辣鲜美，果肩径1厘米，果长7厘米左右，前后期果实差异小，熟期一致，有利于集中采收，产量高。易干制，适宜加工出口。重施底肥，以有机肥为主，每亩定植3300株左右，结果期追肥2~3次。

图 3-11　满山红

[栽培技术要点]　适合北方露地、麦套或蒜套栽培，一般 2 月中下旬~3 月上中旬育苗，4 月下旬~5 月上旬定植，定植后及时浇缓苗水，适时中耕蹲苗，封垄前应及时培土护根封沟，利于排水，并结合培土追肥，一般每亩施三元复合肥 20 千克。生长期间保持土壤见干见湿，雨季注意及时排除积水。采用单株定植，每亩 3300 株左右。田间注意预防苗期猝倒病、疫病、病毒病、炭疽病，以及蚜虫、烟青虫等常见病虫害。

十二　湘辣54

[选育单位]　湖南湘研种业有限公司。

[特征特性]　湘辣54（图3-12）为中熟单生小果朝天椒品种。株高 80 厘米，植株直立性强，枝条硬，叶片小，叶色浓绿；果实为小羊角形，果长 5~6 厘米，果肩径 0.8 厘米，嫩果为绿色，成熟果为红色；果实单生，朝天，果尖尖，前后期果实一致性好，单果重 3.0 克左右，辣味浓且单株挂果多，丰产潜力大，耐湿热，抗性强，适合作为鲜辣椒

图 3-12　湘辣54

销售或者干辣椒加工。

[栽培技术要点] 适合露地丰产栽培,适应性广,注意病虫害的防治。在大量开花期禁止大肥大水,以防落花。晾晒干辣椒时,遇到连续阴雨天应及时烘烤干,以免影响颜色及品质。定植时参考密度为2500株/亩。

[适宜种植区域] 在贵州、云南及长江流域地区均能栽培,春节前后播种。

十三 圆珠一号

[选育单位] 湖南湘研种业有限公司。

[特征特性] 圆珠一号(图3-13)是中熟单生遵义朝天椒品种。株高90厘米,植株直立性强,枝条硬,叶片小,叶色浓绿;果实为锥形,果长3.6厘米,果肩径3厘米,果尖钝圆,前后期果实一致性好,单果重10克左右,成熟果深红、味辣、有香味,干物质含量为24%,油分多、干后不皱。熟性早,节间密,单株挂果多,丰产潜力大,耐湿热,抗性强,适合制作干辣椒或泡辣椒。

图3-13 圆珠一号

[栽培技术要点] 适应性广,适合进行中熟单生朝天椒丰产栽培,适时育苗移栽,每亩用种量30~40克,选择肥沃、排灌方便的砂壤土定植,参考密度为3300株/亩,深沟高畦。重施有机肥,加强中后期水肥管理和病虫害防治。

[适宜种植区域] 可在黄河流域、云贵高原及新疆等地栽培,春节前后播种。

十四 丽红

［选育单位］ 湖南湘研种业有限公司。

［特征特性］ 丽红（图3-14）为杂交一代单生朝天椒品种，果形细长、美观、整齐一致，果长7~8厘米，果肩径0.9厘米，单果重3~4克。植株生长势强，坐果能力好，产量高，果尖尖。果实由绿色转为橘红色，再转为大红色，硬度好，耐贮运，味辛辣，耐热性好，抗病毒病和疫病能力强，适宜鲜食和制作剁椒。

［栽培技术要点］ 适宜在平原、丘陵地区栽培。选择肥沃，排灌方便的砂壤土适时育苗移栽，参考密度为2000~2200株/亩。重施有机肥，加强中后期水肥管理和病虫害防治。

图3-14　丽红

［适宜种植区域］ 在云贵高原及长江流域均能栽培，春节前后播种。

十五 星艳

［选育单位］ 湖南湘研种业有限公司。

［特征特性］ 星艳（图3-15）为中熟单生白色朝天椒品种，植株直立性强，枝条硬，叶片小，叶色浓绿；果实为小羊角形，果长6厘米，果肩径1.1厘米，果实由白色转为橘红色再转为鲜红色，朝天、单生，果尖尖，前后期果实一致性好，单果重4.5克左右，辣味浓，单株挂果多，丰产潜力大，耐湿热，抗性强，适合制作干辣椒、剁椒或泡辣椒。

［栽培技术要点］ 较传统的小米椒

图3-15　星艳

适应性更广，有辣椒栽培习惯的地区均可推广。适时育苗移栽，每亩用种量 4000 粒左右，定植参考密度为 2900 株/亩，深沟高畦。重施有机肥，前期植株需要大肥大水，以保持植株旺长所需，中后期加强用水管理和病虫害防治。

[适宜种植区域]　春夏季黄河流域及长江流域地区，露地丰产栽培，春节前后播种。

第二节　朝地椒类型

一　济宁红

[选育单位]　济宁市农业科学研究院。

[品种来源]　济宁红（图 3-16）是从济宁市兖州区地方农家自留种栽培地中筛选的优良单株经自交定向选育的干制辣椒常规品种。

图 3-16　济宁红

[特征特性]　植株直立，株高 95 厘米左右，株幅 70 厘米左右，生长势强，叶片绿色，中晚熟，抗病毒病。一般在主茎第 13 节左右着生第一朵花，果实长 10～15 厘米，羊角形，微弯曲，果肩凸，果肩径 2.5～3 厘米，钝尖，单果重 15～20 克，嫩果为绿色，成熟果为深红色，果皮光滑，果肉厚，以生产干辣椒为主，干辣椒油分多、香味浓、辣味适中、色素含量高、品质好。鲜果实含蛋白质 5.44 克/100 克、可溶性糖 4.28%、抗坏

血酸 106 毫克/100 克、总辣椒素 60.6 毫克/千克，总辣椒素含量比对照高 5 倍。

[栽培技术要点]　适合麦套或蒜套栽培。大蒜茬一般在 3 月中上旬进行小拱棚或阳畦育苗，4 月下旬~5 月上旬套种到大蒜田里；麦茬一般在 4 月初露地播种育苗，麦收后及时定植，9~10 月拔秧收获。播种前要对种子进行消毒，可以用 10% 磷酸钠浸泡 20~30 分钟，或用 0.1% 高锰酸钾浸泡 30 分钟。露地育苗应选择排灌良好、未种过辣椒的地块作为苗床，宜选用肥沃的砂壤土，将苗畦整平耙细，浇透底水。出苗后要及时扯掉地膜，以防烤苗，同时注意拔出畸形、过密的幼苗和病弱苗，前期小水促苗，定植前 10 天左右一般不浇水，以控为主，促进根系发育，定植前 2~3 天浇水，以便于起苗。麦收后，尽早灭茬，施足基肥并深翻，每亩施腐熟有机肥 4000~5000 千克、磷酸二铵 20 千克、硫酸钾 15 千克，及时进行双株定植，畦宽 2 米，定植 4 行，小行距 40 厘米，大行距 60 厘米，穴距 30~40 厘米，每亩定植 3300~4000 穴。

二　德红 1 号

[选育单位]　德州市农业科学研究院、中椒英潮辣业发展有限公司。

[品种来源]　08009A×08007C。

[特征特性]　德红 1 号（图 3-17）为干制、鲜食兼用型早熟品种。株高 90 厘米左右，株幅 80 厘米左右，主茎高 30 厘米左右；门椒着生节位为第 10~13 节；嫩茎和叶片上有明显的茸毛；果实呈羊角形，果长 11~14 厘米，果肩径 2.0 厘米左右；鲜辣椒单果重 20~25 克，干辣椒单果重 3.0 克左右。嫩果呈绿色，成熟果呈深红色，自然晾干速度快，商品果率高；辣味中等，干辣椒果皮内外红色均匀，色

图 3-17　德红 1 号

价为 13~14；耐高温、耐干旱，适应性强，抗病毒病和疫病。

[栽培技术要点]　育苗移栽时适宜的苗龄为 50~55 天，应于 2 月下

旬~3月上旬播种育苗、4月下旬~5月上旬定植，采用小高畦栽培，株距35~40厘米，行距50~60厘米；露地直播时适宜的播期为4月上旬，每亩用种量为450克左右，定植密度为3500~4000株/亩。应培育壮苗移栽，在栽培过程中重施有机肥，追施磷钾肥，注意钙肥的施用，在果实膨大期和转色期避免发生缺钙现象。注意防治病毒病、炭疽病等病虫害，雨季注意排水。

［适宜种植区域］　在山东省适宜地区作为干制辣椒品种进行露地栽培。

三　英潮红4号

［选育单位］　中椒英潮辣业发展有限公司、德州市农业科学研究院。

［品种来源］　常规品种，从地方品种益都红变异株系中选择育成。

［特征特性］　英潮红4号（图3-18）为中早熟品种。植株生长势强，株高70厘米左右，株幅60厘米左右。门椒着生节位为第12~15节；果实呈短锥形，果长8~10厘米，果肩径约4厘米；鲜辣椒脱水快，易制干，干辣椒单果重4克以上，干辣椒果皮韧度好，易加工。微辣，商品性好；抗病性突出，坐果多，合理密植时单株坐果30~40个。嫩果为绿色，成熟果为紫红色，内外果均呈紫红色，干辣椒色价为13~

图3-18　英潮红4号

14，是提取天然色素、食品加工及外贸出口的最佳干辣椒品种之一。英潮红4号在2013年山东省干制辣椒品种区域试验中，平均每亩产干辣椒354.2千克，比对照品种北京红增产13.2%；在2014年生产试验中，平均每亩产干辣椒315.4千克，比对照品种北京红增产5.9%。

［栽培技术要点］　育苗移栽时适宜的苗龄为55~60天，适宜定植期为5月上旬，采用大小行定植，宽行80厘米，窄行50厘米，株距25厘

米左右；露地直播时适宜的播期为 4 月上旬，每亩用种量为 420 克左右，定植密度为 4500～5000 株/亩。施足底肥，门椒达 3 厘米时及时追肥，疏除门椒以下的侧枝以有利于透风透光，适时培土扶垄以防倒伏。注意预防病毒病、蚜虫、茶黄螨等病虫害，下霜期前 2～3 天采收干辣椒并及时晾晒。

［适宜种植区域］　在山东省适宜地区作为干制辣椒品种进行露地栽培。

四　干椒 0409

［选育单位］　德州市农业科学研究院。

［品种来源］　常规品种，从地方品种益都红系中选育而成。

［特征特性］　干椒 0409（图 3-19）为中早熟品种。植株生长势强，株高 60～70 厘米，株幅 75 厘米左右；门椒着生节位为第 13～15 节；嫩茎和叶片上有明显的茸毛；果实为圆锥形，果长 8～9 厘米，果肩径 3.5 厘米左右；成熟果呈深红色，鲜辣椒自然晾干速度快，商品果率高；干辣椒果皮内外红色均匀，单果重 2.8～3.2 克色价为 12～14，平均亩产干辣椒 400 千克左右；抗病性强，抗病毒病，耐高温，是加工辣椒圈、辣椒粉及提取天然色素等的最佳干辣椒品种之一。

图 3-19　干椒 0409

［栽培技术要点］　育苗移栽时适宜的苗龄为 55～60 天，应于 2 月下旬～3 月上旬播种育苗、4 月下旬～5 月上旬定植，采用小高畦栽培，株

距 35～40 厘米，行距 50～60 厘米；露地直播时适宜的播期为 4 月上旬，每亩用种量为 450 克左右，定植密度为 3500～4000 株/亩。要施足腐熟有机肥作为底肥，适时追施钾肥；应清除侧枝 1～2 次，以利于下部挂果。注意预防病毒病、蚜虫、茶黄螨等病虫害，夏季坐果膨大以后，要注意排水，保持适当的土壤水分，以防裂果。

[适宜种植区域]　在山东省适宜地区作为干制辣椒品种进行露地栽培。

五　青农干椒 2 号

[选育单位]　青岛农业大学、青岛市种子站、德州市农业科学研究院。

[品种来源]　05015a×08148。

[特征特性]　青农干椒 2 号（图 3-20）为干制辣椒，杂交一代品种。植株生长势强，叶色绿。苗龄 50 天左右，株高约 110 厘米，株幅 95 厘米左右，门椒着生节位为第 10～12 节。果实呈粗羊角形，果长 12～15 厘米，果肩径 2.5～2.8 厘米，果皮光滑。嫩果为绿色，干辣椒为紫红色，单果重 2.8 克，果实内皮色红色，色价为 13～17，微辣。植株抗病毒病、疫病和炭疽病。果实整齐度高，自然晾干速度较快。干辣椒果实外形、红色度和亮度俱佳，适于辣椒色素萃取加工。产量表现为：整齐性好，高产稳定，综合性状优良，有利于规模化生产管理。第 1 生长周期亩产 376 千克，比对照北京红增产 20.1%；第 2 生长周期亩产 369.6 千克，比对照北京红增产 24.1%。

图 3-20　青农干椒 2 号

[栽培技术要点]　定植期为 4 月下旬～5 月上旬，每亩定植 4500～

6500 株，采用大小垄栽培。重施有机肥，盛果期前补施钙肥和铁肥。及时防治病虫害，预防炭疽病。红果期控制浇水，8 月中旬要及时停止灌溉，以提高红果率。

[适宜种植区域]　适宜春季在山东和新疆地区采用露地或地膜覆盖栽培。

⚠️ 注意　水肥过多可能会引起植株旺长，水肥条件好的地块前期适当蹲苗。

六　青农干椒 3 号

[选育单位]　青岛农业大学。

[品种来源]　07003a×09019。

[特征特性]　青农干椒 3 号（图 3-21）为杂交种，加工型中早熟品种。株高约 90 厘米，耐密植。果实呈粗羊角形，果长 17～21 厘米，果肩径 3.5 厘米，果皮光滑，嫩果为深绿色，干辣椒为深红色，果实内皮为红色，色价为 19.2。鲜果实含维生素 C 146 毫克/100 克、辣椒素 0.195%。抗黄瓜花叶病毒病、烟草花叶病毒和炭疽病，高抗疫病、褐斑病。产量表现为：第 1 生长周期亩产 430.03 千克，比对照美园 3 号增产 16.49%；第 2 生长周期亩产 443.17 千克，比对照美园 3 号增产 16.91%。

图 3-21　青农干椒 3 号

[栽培技术要点]　适合春季栽培，应选排灌方便、土质肥沃的砂壤土。苗龄以 50 天左右为宜，苗期重视养根壮苗，尽量带土移植。采用大

小垄栽培，根据当地的土壤肥力、耕作制度和灌溉水平确定合适的种植密度，一般为 4500 ~ 6500 株/亩，定植期为 4 月下旬 ~ 5 月初。苗床土要疏松、营养全面，苗期对叶面喷施硼肥或磷酸二氢钾 2 ~ 3 次。定植前每亩需施腐熟鸡粪或优质有机肥 2000 千克、过磷酸钙 40 ~ 50 千克、硫酸钾 20 ~ 30 千克、磷酸二铵 30 千克，根据土壤状况增施石灰 20 ~ 50 千克。定植时每亩施入硫酸锌 2 千克、硼肥 1 千克、螯合态铁肥 2 千克、钼肥 2 千克，以补充微量元素。辣椒的营养吸收高峰在盛果期，在此之前要及时追施三元复合肥。结果期确保水肥充足，提高坐果率。忌大水漫灌，及时防治病虫害。8 月中旬及时停止灌溉，减少绿果率，提高一级商品果率。前期注意定期防治蚜虫、菜青虫；见果后定期喷洒保护性药物以防治病害；苗期、开花期、坐果期定期喷洒预防病毒病的药物；红果期喷 1 次预防炭疽病的保护性杀菌药剂，可以有效减少干果的花皮率。

[适宜种植区域]　适宜在山东、新疆无霜期 150 天以上的地区露地栽培。

七　三江红

[选育单位]　青岛明山农产种苗有限公司。

[品种来源]　XJ39A × 601。

[特征特性]　三江红（图 3-22）为杂交种，鲜食、加工兼用型中晚熟品种。平均株高 70 厘米，株幅约 55 厘米，株型较直立、紧凑，分枝多，节间短。叶片为卵圆形，绿色。花为白色，首花节位为第 11 ~ 12 节，花梗下垂。果实为长羊角形，果面微皱，果肉厚。嫩果为绿色，成熟果为深红色，平均果长 16 厘米，果肩径 3.3 ~ 4.0 厘米，果肉厚约 0.35 厘米，干辣椒单果重 4 ~ 5 克。鲜果实含维生素 C 75.5 毫克/100 克、辣椒素 0.17%、干物质 20.5%。中抗黄瓜花叶病毒病、烟草花叶病毒病和炭疽病，抗疫病，较耐寒，较耐旱，不

图 3-22　三江红

耐涝，较耐短期高温。

[产量表现] 第 1 生长周期亩产 492.5 千克，比对照红龙 21 号增产 6.01%；第 2 生长周期亩产 488.4 千克，比对照红龙 21 号增产 6.95%。

[栽培技术要点] 种子萌芽性强，可于春季棚室育苗，新疆地区一般在 2 月 10 ~ 3 月 10 日进行棚室播种育苗，适宜苗龄为 55 ~ 65 天，每亩用种量为 80 ~ 100 克。露地直播时，新疆地区一般在 3 月 10 日 ~ 4 月 10 日进行，每亩用种量为 150 ~ 200 克。定植时以终霜结束且气温恒定在 10℃ 以上为宜，新疆地区一般在 4 月 20 ~ 5 月 10 日。开沟起垄，垄宽 1.2 米，采用双行每穴 2 株或每穴 1 株定植，行株距 60 厘米×30 厘米。采用地膜覆盖单株栽培时，每亩 5000 ~ 5500 株（穴）。其他地区应根据当地种植习惯和气候情况合理确定定植密度。每亩施有机肥 3000 千克、三元复合肥 50 千克、作为底肥，坐果期追肥 3 ~ 4 次；注意适时浇水，暴雨天及时排水防涝。加强栽培过程中低温期的温度管理和高温期的病虫害防治，重点防治蚜虫、茶黄螨、菜青虫、蓟马、白粉虱，预防脐腐病、病毒病及炭疽病等的发生，坚持预防为主、综合防治。适时采收，9 月中下旬果实转红时可一次性拔椒棵晾晒干辣椒。生长期不宜过旱或过涝，商品果采收前不宜过多浇水，防止果实含水量过高而引发炭疽病。

[适宜种植区域] 适宜在华东地区的山东青岛市即墨区，西北地区的新疆阿瓦提县、甘肃酒泉市肃州区，华北地区的内蒙古通辽市开鲁县，东北区辽宁北票无霜期 150 天以上的干鲜辣椒种植地区进行春季棚室育苗露地种植。

注意 ①中晚熟品种，需要一定的光照、积温条件和无霜期。栽培时需要计划好播种期，防止果熟期遇冻害。②前期大肥大水促秧，中期加强追肥和钙肥的使用，应提前预防病毒病、叶斑病、脐腐病和炭疽病。管理后期减少浇水，防止炭疽病的发生，坚持做到预防为主、综合防治。③因各地种植习惯不同，应在试种成功的基础上大面积推广。夏秋季持续高温或多雨地区慎用，盐碱地较重地块慎用。④注意轮作，避免重茬。苗期注意防寒保暖，适当控制椒苗高度，避免高脚苗；定植后及时浇水、中耕、除草，促进椒苗早发棵、早封垄，提前开花结果；可一次性施足底肥，后期切记不要过量追施氮肥，以防贪青旺长，并做到旱能浇、涝能排；椒果全红后，可一次性砍倒椒棵晒干，再采收椒果。

八 创世千红

[选育单位] 青岛创世种子技术有限公司。

[品种来源] CS-16-4×CS-13-7。

[特征特性] 创世千红（图3-23）为杂交种，加工型中熟品种，作为干辣椒用，微辣，色价高。株高65厘米，株幅60厘米，坐果早而集中，果实为羊角形，果长13.5厘米，果肩茎2.8厘米左右。鲜辣椒单果重28克左右，成熟后转色快，能自然脱水，辣味适中。易晾晒，成品干辣椒油亮无皱，椒果不易产生花皮。鲜果实含维生素C 155毫克/100克、辣椒素0.1%，色价为20.7。中抗黄瓜花叶病毒病、烟草花叶病毒病和疫病，抗青枯病，易感炭疽病。比较耐高温，不耐涝。第1生长周期亩产503.8千克，比对照红龙13增产12.5%；第2生长周期亩产488.5千克，比对照红龙13增产8.5%。

图3-23 创世千红

[栽培技术要点] 一般3月10日~3月20日播种，4月20日~5月5日移栽，新疆地区采用双株栽培，适宜密度为5000~6000穴/亩；其他地区采用单株栽培，适宜密度为5000~6000株/亩。植株生长势较旺，前期应适当控苗，结果期确保水肥充足，以提高坐果率。及时防治病虫害，如果使用飞防，建议增大药量防治近年来越来越厉害的辣椒病毒病。建议使用丸粒化种子，以提高出芽率、增强生长势、增加抗病性及产量。

[适宜种植区域] 新疆无霜期达150天以上的地区适宜于春季4~5

月育苗移栽。

注意 ①应重视病毒病、蚜虫、茶黄螨等病虫害的防治。②35℃以上连续高温会影响正常开花坐果，降低产量。③脱水速度一般，后期注意控制浇水，遇到雨水较大的季节需及时排水防灾。④想获得干辣椒需在下霜期前2~3天及时采收、晾晒。

九 博辣红玉

[选育单位] 湖南省蔬菜研究所、湖南兴蔬种业有限公司。

[品种来源] SJ07-1×SJ07-16。

[特征特性] 博辣红玉（图3-24）为中熟羊角椒品种。植株生长势中等，侧枝少；茎呈绿色，有紫节；叶片小，叶色浓绿；首花节位为第11节左右；株高55厘米左右，植株株幅70厘米。嫩果呈绿色，成熟果呈鲜红色；果长20厘米左右，果肩径1.5厘米左右，果肉厚0.2厘米左右，单果重15克左右；果实表面光亮微皱，果形顺直，肉质脆，味辣，风味好，可鲜食或加工。鲜果实含维生素C 163.4毫克/100克、可溶性糖3.09%、干物质16.5%；以105℃的温度烘干后，果实含辣椒素

图3-24　博辣红玉

3.82毫克/克，博辣红玉坐果多，连续坐果能力强，较抗疫病、病毒病、炭疽病，抗逆性强。

[产量表现] 在湖南省区域试验中，2010年平均每亩鲜辣椒产量为1594.6千克，2011年平均每亩鲜辣椒产量为1462.1千克。

[栽培技术要点] 适宜在湖南地区12月~第二年1月播种，采用温室或温床育苗，每亩用种量为20~30克。3月假植1次，4月~5月初露地定植，参考株距45厘米、行距45厘米。应施足基肥，及时追肥，水肥充足可促进植株生长、多坐果、延长采收期和增加产量。应加强栽培管理，预防病虫害。

十　博辣红帅

[选育单位]　湖南省蔬菜研究所。

[品种来源]　9704A×101-22。

[特征特性]　博辣红帅（图3-25）为中熟品种。植株首花节位为第12节左右，株高52厘米左右，株幅75厘米左右。果实呈长羊角形，果长20.1厘米左右，果肩径1.9厘米左右，果肉厚0.23厘米左右，单果重19.3克左右；果表微皱，有光泽，嫩果呈绿色，成熟果呈鲜红色；果实味辣，含辣椒素4.6毫克/克、维生素C 16330毫克/千克、粗脂肪8.7%。据田间抗病性调查显示，该品种病毒病病情指

图3-25　博辣红帅

数为9.3、炭疽病病情指数为1.6、疫病病情指数为3.6、青枯病病情指数为1.3。

[产量表现]　在2010—2011年国家辣椒品种区域试验中，平均每亩鲜辣椒产量为1852.5千克，比对照品种湘辣2号增产3.3%，其中在湖南、江西、四川试点平均每亩鲜辣椒产量为2092.8千克，比对照品种湘辣2号增产10.4%。在2012年生产试验中，平均每亩鲜辣椒产量为2212.4千克，比对照品种湘辣2号增产6.7%。

[栽培技术要点]　适宜春季露地栽培，12月~第二年1月播种，2~3月假植1次，4月上旬定植，参考株距50厘米、行距50厘米，每亩定植2500株左右。在栽培过程中应施足底肥，定植后加强田间管理，及时追肥补水，适时采收，综合防治病虫害。

[适宜种植区域]　海南、广东、广西、云南和山东等地区。

十一　博辣8号

[选育单位]　湖南省蔬菜研究所、湖南兴蔬种业有限公司。

[品种来源]　U07-16×10-22。

[特征特性] 博辣 8 号（图 3-26）为中熟线椒品种。植株生长势较强，侧枝少；茎呈绿色，有紫节；叶片小，叶色浓绿；首花节位为第 11 ~ 12 节；株高 81.8 厘米左右，株幅 80.4 ~ 85.8 厘米。果实呈细长线形，嫩果呈绿色，成熟果呈鲜红色；果长 24.1 厘米左右，果肩径 1.7 厘米左右，果肉厚 0.23 厘米左右，单果重 21.2 克左右；果面光亮微皱，果皮薄，肉质脆味辣，风味好，可鲜食或加工。鲜果实含维生素 C 163.3 毫克/100 克、可溶性糖 3.49%、辣椒素 3.5 毫克/克、干物质 17.8%。该品种坐果力强，坐果率高，果实生长迅速，从开花至采收约需 22 天，较抗疫病、病毒病和炭疽病，抗逆性较强。

图 3-26　博辣 8 号

[产量表现]　在 2013—2014 年国家辣椒品种区域试验中，前期平均每亩鲜辣椒产量为 852.1 千克，比对照品种湘辣 2 号增产 3.4%；平均每亩鲜辣椒总产量为 2043.1 千克，比对照品种湘辣 2 号增产 15.1%。在 2015 年生产试验中，前期平均每亩鲜辣椒产量为 1193.7 千克，比对照品种湘辣 2 号增产 13.5%；平均每亩鲜辣椒总产量为 2737.6 千克，比对照品种湘辣 2 号增产 13.4%。

[栽培技术要点]　适宜在湖南省 12 月 ~ 第二年 1 月播种，每亩用种量为 40 ~ 50 克；3 月假植 1 次，4 月底 ~ 5 月初露地定植，参考株距 45 厘米、行距 45 厘米。应施足基肥，勤追肥并及时打侧枝，使植株主茎粗壮，增加通风，以避免果实弯曲。前期可采收青椒，后期可留红椒。应注意防治病虫害。

[适宜种植区域]　海南、广东、广西和云南等地区。

十二　博辣红牛

[选育单位]　湖南省蔬菜研究所、湖南湘研种业有限公司。

［品种来源］ SF11-1×SJ05-12。

［特征特性］ 博辣红牛（图3-27）为早熟品种。株高65厘米左右，株幅60厘米左右，植株生长势较强，首花节位为第10～11节。嫩果呈浅绿色，成熟果呈红色，果实呈线形，果表光亮；果长18～22厘米，果肩径1.6～1.8厘米，果肉厚0.20厘米左右，单果重18～25克。果实味辣，干物质含量为19.8%。该品种连续坐果力强，适宜红椒鲜食、干制、酱制等，抗病性与抗逆性较强。

图3-27 博辣红牛

［产量表现］ 在2010—2011年湖南省区域试验中，平均每亩鲜辣椒产量为1596.7千克。

［栽培技术要点］ 该品种早熟，前期培育壮苗，可适当使苗旺长。参考株距45厘米、行距45厘米，每亩用种量为40克左右。应施足基肥，每亩施三元复合肥50千克左右、有机肥2000～3000千克，勤追肥。应加强栽培管理，预防病虫危害。可进行露地栽培，也可进行早熟保护地栽培，前期可采收青椒，后期留红椒，以提高产量和效益。

［适宜种植区域］ 海南、广东、广西和云南等地区。

十三 兴蔬绿燕

［选育单位］ 湖南省蔬菜研究所、湖南兴蔬种业有限公司。

［品种来源］ H180A×SJ07-21。

［特征特性］ 兴蔬绿燕（图3-28）为杂交种，鲜食、加工兼用型品种。株高70厘米左右，株幅80厘米，植株生长势强，首花节位为第12节左右。果长21.5厘米左右，果肩径1.8厘米左右，果肉厚0.3厘米左右；果实具有2个心室，果肩平或斜果顶锐尖，果面光亮，果形顺直；嫩

图3-28 兴蔬绿燕

果呈绿色，成熟果呈鲜红色，平均单果重22.1克。果实味辣，风味好，含维生素C 168.7毫克/100克、辣椒素2.98毫克/克。该品种抗黄瓜花叶病毒病、烟草花叶病毒、疫病，中抗炭疽病等，耐旱、耐涝能力中等。

[产量表现]　在2013—2014年国家辣椒品种区域试验中，前期平均每亩鲜辣椒产量为963.3千克，比对照品种湘辣2号增产16.9%；平均每亩鲜辣椒总产量为2302.2千克，比对照品种湘辣2号增产29.7%。在2015年生产试验中，前期平均每亩鲜辣椒产量为1232.4千克，比对照品种湘辣2号增产17.2%；平均每亩鲜辣椒总产量为2887.6千克，比对照品种湘辣2号增产19.6%。

[栽培技术要点]　植株生长势强，一般采用单株定植，参考株行距0.40米×0.45米；前期育壮苗，移栽后及时抹侧枝；坐果后及每次采收后及时补充水肥，延长采收期；加强病虫害防治，以防为重，发现病株及时清除，并喷药防治。

[适宜种植区域]　海南、广东、广西和云南等地区。

十四　朝地椒一号

[选育单位]　四川省川椒种业科技有限公司。

[特征特性]　朝地椒一号（图3-29）为中早熟品种，株高70厘米，株幅40厘米，嫩果为深绿绝，成熟果为深红色，果长10厘米，果肩径1.1厘米，单果重4~6克，单果干重1克，籽粒少，易脱水，单株挂果150个左右。高抗病毒病、炭疽病、日灼病，抗蓟马危害。丰产性突出，比国内主栽品种三鹰椒增产30%以上，辣度高、色素高、干辣椒鲜红晶莹，香味浓郁，品质优异。比一般朝天椒含籽率少40%左右，易于加工，是加工香辣酱、红油辣椒、火锅底料、辣椒面等产品的最佳原料。

[栽培技术要点]　适宜生长温度为20~25℃，特别适合露地栽培以制作干椒。在气温适宜、光照充足、昼夜温差大的区域，其丰产性表现突出。每亩用种30克左右，大田采用双行单株定植，行距50厘米，株距35厘米左右，每亩定植4000~5000株。盛花期前适量控制水分，大苗至盛花期水肥过多易造成植株徒长而落花落果。

图 3-29　朝地椒一号

注意　朝地椒一号不能摘除侧枝侧芽，定植成活后及时追施提苗肥，促进侧枝生长健壮以增加坐果数。

十五　川椒红艳

[选育单位]　四川省川椒种业科技有限公司。

[品种来源]　益都红 × A207。

[特征特性]　川椒红艳（图 3-30）为杂交种，早熟，适合加工。果实呈羊角形，从定植到采收青椒需用 57 天左右，到采收红椒需用 79 天左右。株高 50 厘米左右，株幅 45 厘米左右，首花节位为第 9 节左右。果长12.0 厘米左右，果肩径 2.1 厘米左右，果肉厚 0.2 厘米左右，单果重 12.0克左右；嫩果呈绿色，成熟果呈深红色，味中辣，果面光滑顺直。商品果主要用于干制、提取红色素，以及加工辣椒粉、辣椒酱等。鲜果实含维生素 C 111 毫克/100 克、辣椒素 0.1 毫克/克、蛋白质 1.62 克/100 克。据田间调查显示，该品种综合抗病性强，耐寒、耐热、耐旱，较耐涝。

[产量表现]　第 1 生长周期每亩鲜辣椒产量为 3256.8 千克，比对照品种美国红增产 34.6%；第 2 生长周期每亩鲜辣椒产量为 3401.5 千克，比对照品种美国红增产 40.2%。

图 3-30 川椒红艳

[栽培技术要点] 适时播种，培育壮苗。若冬季育苗，则在 11 月中上旬播种，第二年 3 月中下旬定植；若春季育苗，则在 2 月下旬~3 月上旬播种，4 月下旬定植。每亩用种量为 40~50 克。开沟起垄，垄宽 1.2 米，株距 40 厘米，行距 60 厘米，采用地膜覆盖双行单株栽培，合理密植，每亩定植 2800~3000 株。每亩施有机肥 3000 千克、三元复合肥 50 千克作为底肥，坐果期追肥 3~4 次；注意适时灌水，暴雨天及时排水防涝。重点防治蚜虫、烟青虫、螨虫，以及炭疽病、疫病等病虫害。适时采收，果实变绿、果表发亮时采收青椒，果实颜色刚转为全红色时采收红椒。

[适宜种植区域] 适宜春季在四川、内蒙古等地区露地栽培。

十六 川椒绿剑

[选育单位] 四川省川椒种业科技有限公司。

[品种来源] 炮 069A × 辛 8。

[特征特性] 川椒绿剑（图 3-31）为杂交羊角椒品种，早中熟，鲜食、加工均可。从定植到采收青椒需用 68 天左右，到采收红椒需用 89 天左右。株高 60 厘米左右，株幅 50 厘米左右，首花节位为第 10 节左右。果长 28 厘米左右，果肩径 2.8 厘米左右，单果重 35 克左右。嫩果呈绿色，成熟果呈鲜红色，味微辣，果条顺直，果面有皱。绿果主要用于鲜

食，鲜红果可用于加工辣椒酱。鲜果实含维生素 C 167 毫克/100 克、辣椒素 0.14 毫克/克、蛋白质 1.49 克/100 克。据田间调查显示，该品种综合抗病性强，耐寒、耐热、耐旱，较耐涝。

图 3-31　川椒绿剑

[产量表现]　第 1 生长周期每亩鲜辣椒产量为 3502.9 千克，比对照品种新尖椒 1 号增产 8.6%；第 2 生长周期每亩鲜椒产量为 3357.7 千克，比对照品种新尖椒 1 号增产 11.3%。

[栽培技术要点]　适时播种，培育壮苗。若冬季育苗，则在 11 月中上旬播种，第二年 3 月中下旬定植；若春季育苗，则在 2 月下旬~3 月上旬播种，4 月下旬定植。每亩用种量为 40~50 克。合理密植，株距 40 厘米，行距 60 厘米，采用地膜覆盖双行单株栽培，每亩定植 2800~3000 株。每亩施有机肥 3000 千克、三元复合肥 50 千克作为底肥，坐果期追肥 3~4 次；注意适时灌水，暴雨天及时排水防涝。重点防治蚜虫、烟青虫、螨虫，以及炭疽病、疫病等病虫害。适时采收，果实变绿、果表发亮时采收青椒，果实颜色刚转为全红色时采收红椒。

[适宜种植区域]　适宜早春在四川、云南等地区露地或保护地栽培。

十七　鲁红 6 号

[选育单位]　青岛三禾农产科技有限公司。

[品种来源]　兖州椒×益都羊角椒。

[特征特性]　鲁红 6 号为加工型常规种，中熟，干制、鲜食兼用型高色素品种，株高 70 厘米左右，株幅 70 厘米左右。坐果早而集中，单株结果 15 ~ 20 个，果实呈圆锥形，果长 10 ~ 12 厘米，果肩径 3.5 厘米左右，鲜辣椒单果重 27 克左右。果实成熟后转色快，成熟集中，能快速自然脱水；成品干辣椒表面光滑，光泽度高，不易出现"花皮椒"和"水泡椒"。干辣椒单果重 5 克左右，皮厚、油性好，外表光亮，含维生素 C 146 毫克/100 克，辣度为 40000 ~ 5000SHU，色价为 17。该品种中抗青枯病、黄瓜花叶病毒病、烟草花叶病毒病、疫病，易感炭疽病，耐热、耐瘠薄，不耐涝。

[产量表现]　第 1 生长周期每亩干辣椒产量为 343.0 千克，比对照品种兖州椒增产 5.1%；第 2 生长周期每亩干辣椒产量为 368.2 千克，比对照品种兖州椒增产 6.3%。

[栽培技术要点]　一般 3 月中上旬播种育苗，4 月 20 日 ~ 5 月 1 日定植，适宜密度为每亩 5000 ~ 6000 株。定植后缓苗前要满足水分供应，在结果期要确保水肥充足，以提高坐果率。

[适宜种植区域]　适宜春季在辽宁省北票市及生态条件与其类似且无霜期大于 150 天的地区进行育苗、移栽、种植。

注意　①应重视病毒病、蚜虫、茶黄螨等病虫害的防治；果实转红后应重视炭疽病的防治。②连续 35℃ 以上高温会影响该品种正常开花坐果，降低其产量。③要在下霜前 2 ~ 3 天采收干辣椒并及时晾晒。

十八　中线 109

[选育单位]　郑州郑研种苗科技有限公司。

[品种来源]　ZY97-13 × ZY33-17。

[特征特性]　中线 109（图 3-32）为兼用型杂交种，早熟，生育期为 178 天左右。植株生长势较强，抗逆性较强，节间较短，前期坐果集中。株高 70 厘米左右，株幅 65 厘米左右，首花节位为第 8 节左右。果长 17 ~ 24 厘米，果肩径 1.4 厘米左右，果肉厚

图 3-32　中线 109

约 0.14 厘米，单果重 16～25 克，单株结果数为 45 个左右。果实呈细长羊角形，含维生素 C 89.5 毫克/100 克、辣椒素 3.1 毫克/克。该品种中抗黄瓜花叶病毒病、烟草花叶病毒病、炭疽病，抗疫病，较耐湿热。

［产量表现］　第 1 生长周期每亩鲜辣椒产量为 4025.6 千克，比对照品种湘辣 4 号增产 18.99%；第 2 生长周期每亩鲜辣椒产量为 4014.7 千克，比对照品种湘辣 4 号增产 19.78%。

［栽培技术要点］　冬春季育苗前期注意防寒保暖。定植前施足有机肥，合理密植；早春保护地栽培时应在定植前 2 周左右扣棚。巧施提苗肥，结果期及时追肥，并补施钾肥。早期果要适时早采，防止坠秧。综合防治病虫害。

［适宜种植区域］　适宜在河南、陕西、江苏、重庆、贵州等地区进行大棚及露地栽培。

十九　湘辣 207

［选育单位］　湖南湘研种业有限公司。

［特征特性］　湘辣 207（图 3-33）为早熟小尖椒品种。植株生长势较强，株型开展；果实为小羊角形，果长 16～19 厘米，果肩径 1.9～2.0 厘米，嫩果为绿色，成熟果为亮红色，果面光亮，硬度好，果直少皱，单果重 20 克，味辣，泡制后色泽亮红；耐湿热，抗疫病及病毒病能力强，单株结果多，产量高；耐储运，适宜青红椒上市或泡制加工。

图 3-33　湘辣 207

[栽培技术要点] 适宜露地覆膜丰产栽培。每亩用种量为40克左右，宜选择土壤肥沃、排灌方便的砂壤土，适宜育苗移栽，采用深沟高畦单株定植，重施有机肥，及时防治病虫害，参考定植密度为2500株/亩。

[适宜种植区域] 在长江流域及黄河流域地区均能栽培，春夏季栽培时于春节前后播种；两广及海南地区则于8月底~9月初播种。

第四章　辣椒的育苗技术

　　育苗是辣椒高产栽培的重要技术环节之一，不仅可以提供健壮、整齐一致的幼苗，提高移栽成活率，还可以提高土地利用率，节约用种量。好的育苗技术还可以提高幼苗抗病、抗逆能力，缓苗快，降低生产成本，具有节能、省工、效率高的优点。育苗也是辣椒增产的一项重要的技术措施，在气候条件不适合辣椒生长的时期或为了增加复种指数，在间作套种的前茬作物收获之前，人为地创造一个适宜的环境条件来培育适龄壮苗，延长生育期，从而达到高产稳产的目的。

第一节　辣椒育苗的设施、容器和基质

一　育苗设施

1. 阳畦

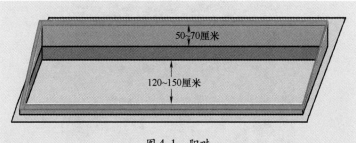

图 4-1　阳畦

　　采用阳畦育苗的设备简单，成本低廉，保温性能好，是早春育苗常用的方式。阳畦（图4-1）由围墙、风障、支架、塑料薄膜和草苫五部分组

成。在育苗期，白天只盖塑料薄膜，中午温度能够达到25～30℃；夜间加盖草苫，最低温度可以保持在10℃以上。温度日变化，以中午13：00为最高，清晨揭草苫前温度最低。

要选择背风向阳、地势较高、有水源和管理方便的地方建造阳畦。建阳畦的床土要肥沃，用未种过茄科作物的地块，如果是老阳畦地，必须更换床土，防止残留病原菌侵染幼苗。阳畦的规格，一般是东西长7～10米、南北宽120～150厘米；北墙距地面高50～70厘米，其高低因纬度不同而有较大差异，应根据当地太阳高度角确定，以正午太阳光能够垂直照射棚面为宜，南墙高20厘米；东西两头山墙筑成斜坡墙，宽30厘米左右。畦墙建成后，每隔1米放置光滑的竹竿、木棍或混凝土骨架，沿东西向拉三道铁丝，形成坚固的平面支架，以便加盖薄膜和草苫等。

2. 塑料小拱棚

塑料小拱棚（图4-2）是一种用材少、投资小、操作灵活的简易设施，一般采用竹片做成拱形的小棚架，上盖塑料薄膜而成，常在早春季节用来播种育苗。棚的长短、宽窄根据育苗畦的大小而定，一般宽1.5米、长20～30米、高0.5～1.0米。白天在太阳的照射下升温快，傍晚降温也快，保温性能差，适合小批量育苗，小拱棚内温度的变化与外界环境的气候变化关系很大，晴天昼夜温差大，阴天昼夜温差小。小拱棚可以和大棚结合使用，我国很多地区早春或冬季大多采用塑料大棚套用小拱棚的方式育苗，这样可以保持较高的苗床温度。

图4-2 塑料小拱棚

3. 塑料大棚

塑料大棚（图4-3）是在骨架结构上面覆盖塑料薄膜的一种简易实用保护地栽培设施，可以充分利用太阳光，在一定范围内起到调节温度和湿度的作用，有保温和防雨功能。按塑料大棚的结构类型可以分为简易竹木结构大棚、钢筋水泥结构大棚、焊接钢管结构大棚、全塑结构和镀锌钢管装配式大棚等类型，辣椒集约化育苗多选用焊接钢管结构大棚。塑料大棚结构简单，建造容易，管理方便，通风好，夏季降温快，顶部可以避雨防雹，又能覆盖遮阳网、防虫网，可用于全国各地早春和夏季育苗。

图4-3 塑料大棚

4. 日光温室

日光温室（图4-4）是我国北方地区育苗和栽培的主要设施类型，由

图4-4 日光温室

墙体、骨架、前后屋面和覆盖物组成，根据覆盖物的种类可分为玻璃温室和塑料薄膜温室。墙体有北墙和东西两个山墙，一般为夯实的土墙或用砖、石、土坯砌成，主要功能是固定和支撑前后屋面的骨架，阻止外界冷空气侵入和室内热量的散失，蓄积白天吸收的热量，夜间缓慢释放。日光温室内的环境因子具有稳定、可控的特点，适合大规模育苗。

日光温室配备了夏季降温设备后，可实现周年育苗。高温强光季节降温效果略差，需要加强相应的降温设备；降雨量较大的季节，育苗室必须防止雨水进入和注意排水，应配备排水和防止雨水进入育苗室的设施；冬季保温性能较好，可实现低能耗生产，降低辣椒育苗成本。采用日光温室育苗的缺点是：建设成本较高且建设易受天气和季节影响，综合土地利用率低，只有40%左右；采光膜与保温覆盖材料摩擦造成膜损伤严重，冬季结束后进行夏季育苗时需要更换膜，夏季结束后为保证冬季育苗所需的高透光率要再次更换膜；低温季节对保温覆盖材料的损耗较大，一般3~5年需要更换1次，生产成本较高。

 育苗容器

1. 营养钵

营养钵种类繁多，形状多样，有圆形、方形、六棱形等（图4-5），材料为聚乙烯或聚氯乙烯。目前，生产上应用最多的为单个、近圆柱形塑料钵，底部有1~3个排水孔，一般钵的上口直径为6~10厘米、下口直径为5~8厘米、高为8~12厘米。生产时应根据不同辣椒品种和苗龄选择口径适宜的营养钵。营养钵育苗的优点是幼苗因间距大而伸展空间大，从而更粗壮，缺点是育苗占用空间大，大规模育苗时操作不方便，费时费工。

2. 穴盘

穴盘（图4-6）是目前我国集约化育苗中使用最为广泛的育苗容器，可以看作是把许多营养钵连成一体的连体钵。穴盘按材质可分为聚乙烯注塑、聚丙烯薄板吸塑及发泡聚苯乙烯（EPS穴盘）3种。穴孔的形状有圆形和方形2种，美国、德国等普遍采用方形孔的穴盘。常用的穴盘大小一般为54厘米×28厘米，也有60厘米×30厘米或40厘米×30厘米等，有105孔、72孔、50孔、32孔、21孔等不同规格，盘底设有排水孔。塑料质量也因材质不同而不同，有一次性的，也有可以重复利用的。综合考虑播种面积、成本及人工费等因素，辣椒育苗一般选用 72 孔和 105 孔的穴盘比较合适。

图 4-5　营养钵

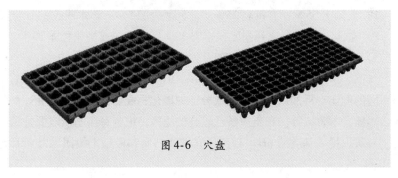

图 4-6　穴盘

3. 草炭营养块

草炭营养块是根据作物苗期养分需求规律，以草炭为主要原料，辅以缓释配方肥，采用先进工艺压制而成，集基质、营养、调酸、控病、容器于一体，能简化育苗程序，提高秧苗质量，适用于一家一户育苗和小规模商品化育苗。

4. 纸钵

用纸浆和亲水性纤维等制作而成的纸钵，展开时呈蜂窝状，由许多上下开口的六棱形纸钵连接在一起而成，不用时可以折叠成册。为了使纸钵中的营养土不散开，相邻纸钵间的土块容易分开，可以在纸钵下铺透水性好且又不会被根系穿透的垫板或无纺布，使表面平整、厚度适当、具有弹性。

5. 育苗杯

利用可降解的植物秸秆做成的杯状育苗容器，有连体的，也有单个的。定植时，将幼苗和杯一同栽植，避免伤苗伤根。可根据生产需要，调节育苗杯的降解时间。育苗杯降解后，可以改善土壤结构，提高土壤肥力。使用育苗杯育苗，省工、省力、成本低，具有广阔的发展前景。

三 育苗基质

育苗时可以选用商品专用育苗基质或自配基质，阳畦及小拱棚的育苗基质一般以菜园土为主，配以腐熟有机肥或市售有机肥，穴盘和营养钵等的育苗基质可以用商品专用育苗基质，也可以配制。育苗基质要求疏松透气、保肥保水力强，富含多种养分，无病虫害。育苗基质有各种配制方法，常用的有以下几种。

1）菜园土 65%、有机肥 25%、三元复合肥 5%、草木灰 5%。

2）菜园土 60%、腐熟圈肥或堆肥 30%、草木灰或炭化稻壳 10%。

3）育苗基质 60%、椰糠 20%、沙子 20%。

目前，市场上的育苗基质种类繁多，但主要是草炭、蛭石和珍珠岩等以不同的配比，再加以其他辅助成分，如碳化稻壳、菇渣、花生壳、炉渣灰、椰糠、木薯渣等。在土质酸性较高的地区，配制育苗基质时要加适量的生石灰以提高基质的 pH，石灰还有增加钙质和促进土壤团粒结构形成的作用。

磷肥对幼苗根系生长有明显的促进作用，在配制育苗基质时加入适量的过磷酸钙，对培育壮苗具有良好的效果。

四 育苗基质的消毒

为了减少苗期病害，培育壮苗，一般要对自配育苗基质进行消毒处理。常用的消毒剂是福尔马林（40%甲醛溶液）。床土消毒，一般于播种前10~12天用喷雾器将40%福尔马林50倍液喷洒在苗床上，用塑料薄膜覆盖，密闭2~3天；播种前1周揭开塑料薄膜，使药液挥发。育苗基质消毒，则是对每立方米育苗基质均匀喷洒50倍液的40%福尔马林400~500毫升，然后把育苗基质拌匀、堆积，上盖塑料薄膜，密闭24~48小时后去掉塑料薄膜并把基质摊开，待药液完全挥发后即可使用。商品专用育苗基质一般已经消毒，营养成分也比较全面，可直接使用。有些商品专用育苗基质中添加了有益微生物，不能再进行消毒处理。

第二节 育苗技术

一 种子处理

种子处理是培育壮苗的重要环节。首先要购买符合该品种特点、种性纯正、籽粒饱满、大小一致的种子，在晴天阳光下晒种1~2天，以提高种子的发芽率和发芽势，减少苗期病害的发生。

辣椒多种病害是因种子带菌而感染的，对种子进行消毒灭菌是育苗中常见的重要措施。常用的方法是温汤浸种和药剂浸种。

（1）温汤浸种 将种子放入55℃热水中，不断搅拌15分钟左右，使水温降至30℃，继续浸种4~6小时，然后冲洗干净；同时，结合浸种进行水选，除去不充实、不饱满的种子。

（2）药剂浸种 即将所选用的消毒药剂配成一定浓度的溶液后浸泡辣椒种子，杀灭种子所带病原菌，具体操作如下。

用温水浸种4~6小时，然后用50%多菌灵可湿性粉剂500倍液浸种20分钟，也可用10%磷酸三钠或高锰酸钾1000倍溶液浸种20分钟，然后洗净催芽。

提示 ①用10%磷酸三钠溶液浸种20~30分钟，或用福尔马林150~300倍液浸种30分钟，或用1%高锰酸钾溶液浸种20分钟，可预防病毒病。②用冷水浸种10~12小时后，再用1%硫酸铜溶液浸种5分钟，或用50%多菌灵可湿性粉剂500倍液浸种1小时，或用72.2%普力克水剂800倍液浸种0.5小时，可预防疫病、炭疽病等。

二 催芽

辣椒播种前 3 ~ 4 天对种子进行催芽。辣椒种子发芽的适宜温度为 25 ~ 30℃，将经过浸种消毒的种子洗净后，用透气的湿纱布包裹，放置于 28℃恒温箱中催芽，所需时间一般为 70 ~ 80 小时。辣椒种子发芽时对氧的要求比较高，因此，在催芽期间要注意每天把种子放在清水中漂洗，洗去种子分泌的黏液，然后甩去多余水分，即可继续催芽，每天淘洗 2 次，种子露白后即可播种。

菜农催芽可因地制宜，因陋就简。早春可以利用电热毯、热炕头来保温催芽。如果种子数量不多，可将浸泡处理的种子用湿布包好，装入塑料袋，然后放在人的贴身衣袋内，也可以用带子扎在腰间，借助人的体温催芽。这一方法简便实用，深受广大菜农欢迎。

三 播种

采用小型苗床早春育苗时幼苗生长较慢，从播种到长至 6 叶 1 心需 60 ~ 70 天，这样根据栽培形式、栽培季节及苗床温度性能，可以合理确定播种期。华北地区栽培辣椒一般于 4 月中下旬定植，若采用阳畦和小拱棚育苗，床温不易人为控制，早春增温受限，故播种期应在 2 月中下旬 ~ 3 月上旬。

辣椒育苗用种量为每亩 60 ~ 75 克，每平方米苗床用种 10 ~ 15 克。播种时将苗床棚膜揭开，将催芽的种子拌适量干细土或草木灰后均匀撒播在苗床上；然后覆盖干细土，一般厚度为 0.5 ~ 1 厘米；最后盖好薄膜保温、增温，夜晚加盖草苫。

四 苗期管理

辣椒是喜温、需阳光充足、忌湿的作物，在苗期阶段以调节床温、增加光照、合理控制湿度为主，防止幼苗徒长或形成"僵苗"。

1. 温度管理

早春育苗可利用电加温温床，播种后保持地温 25 ~ 30℃、气温 28 ~ 32℃，一般 5 ~ 6 天即可出苗。如果采用冷床育苗，一般需要 2 ~ 3 周才能出齐苗。70% 的苗出土后要及时将苗床上覆盖的地膜揭去。苗出齐到 2 片子叶展平，在温度允许的条件下，白天尽量揭苫使苗见光，同时适当降低温度，保持在白天 25～28℃、夜间 15～17℃，子叶展平到 2 叶 1 心期间，夜温可降至 13～15℃，有利于培育壮苗；分苗前进一步降低温度，保持在白天 25～26℃、夜间 10～13℃；分苗后提高温度，保持在白天 28～30℃、夜间 15～20℃；定植前进行低温炼苗，保持在白天 23～25℃、夜间 10℃。

2. 水分管理

苗床应有充足的水分，但又不能过湿。播种时浇足底水，一般到分苗时不会缺水。如果湿度过大，可趁苗上无水滴时向床面筛细干土，每次 0.5 厘米厚，共筛 2～3 次，有利于保墒和降低苗床湿度；筛药土〔用苗菌敌（多菌灵·福美双）20 克掺细干土 15 千克配成〕则可防止立枯病和猝倒病的发生。若床土过干时，可适当用喷壶浇水，但不宜过多，以保持土壤湿润为宜。若发现苗缺肥时，可喷施叶面肥。

3. 分苗

当幼苗长到 2 叶 1 心或 3 叶 1 心时进行分苗，分苗前须进行低温炼苗 2～3 天。分苗方法有苗床分苗和营养钵分苗 2 种，宜选择"冷尾暖头"的晴天进行。分苗前一天浇"起苗水"，以利于起苗，防止散坨，减少伤根，促进缓苗。分苗时苗距以 8～10 厘米为宜，要注意栽苗深度，以子叶露出床面为最佳，每穴或每钵根据品种和定植要求栽 1 株或 2 株。

分苗后 1 周内，苗床要保持较高温度，有利于生根缓苗。平均地温 18～20℃，气温保持在白天 28～30℃、夜间 20℃。如果地温低于 16℃，则生根较慢，长期低于 13℃，则停止生长，甚至死苗。缓苗后降低气温，一般白天 20～25℃、夜间 15～17℃，以保持秧苗健壮，避免徒长。设施内温度超过 32℃时，可适当揭开部分薄膜进行放风降温，下午 5：00 前后要合住风口。定植前 10～15 天进行低温炼苗。

分苗后到新根长出以前，一般不浇水，心叶开始生长后，可根据苗床土墒情于晴天上午浇水，幼苗定植前 15～20 天，可结合浇水施 2 次肥，每次浇水后给苗床适当松土，注意不可伤及根系。如果采用营养钵分苗，分苗后应旱了就浇，控温不控水，浇水后也不必松土。

分苗后的 2～3 天，在中午光照较强时，应盖"回头苫"进行短时间遮光，防止幼苗失水萎蔫，造成缓苗时间过长。缓苗后，由于分苗床需要充分见光，覆盖在棚膜上的草苫应在白天尽量揭开，特别是阴天时，只要温度适宜，不发生冻害，就应揭开以使幼苗见光。

4. 低温炼苗

育苗后期，在放风的基础上，逐渐延长放风时间和放风量，在移植前7～10天大通风，使秧苗适应外界环境条件，缩短缓苗时间。炼苗时应当按照"阴天少通风，晴天多通风，雨天不通风"的原则，做到秧苗健壮、整齐、不徒长。炼苗方法应该根据苗的长势而定，长势好、气温高就要多通风。

5. 定植前蹲苗

采用苗床分苗法时，定植前需用栽铲将苗床土切开进行蹲苗；采用营养钵分苗法时，在定植前2～4天浇1次水，做到定植时不散坨，避免伤根，保证苗的质量。

6. 壮苗标准

健壮的辣椒苗一般株高18～25厘米，茎粗壮，直径为0.3～0.5厘米，节间短，有8～14片真叶，茎叶完整，叶色深绿，叶片舒展厚实、无病虫，根系发达，侧根白。具备上述条件的辣椒苗，移栽后缓苗快、抗逆性强。

第三节　辣椒集约化育苗技术

传统育苗在很大程度上影响着辣椒产业的健康发展，特别是遭遇灾害天气时，许多菜农自育的秧苗会被冻死，而集约化育苗（彩图1）有出苗迅速、生长快、全根定植、缓苗快等优点，增强了秧苗抵御自然灾害的能力，提高了辣椒育苗的可靠程度和劳动生产率，秧苗的质量和一致性也得到保证，是提升辣椒产业规模与效益的重要技术支撑。

一　育苗设施

在普通温室、连栋温室或塑料大棚中都可以进行辣椒集约化育苗（图4-7），根据设施条件可采取相应的增温和降温措施来保证育苗期处于适宜的生长条件下。进行夏秋育苗时应配备防虫、遮阳措施，设施内地面平整开阔，最好安装滚动式苗床。

图4-7　在连栋温室中进行辣椒集约化育苗

二　基质配比与营养液配方

1. 基质配比

辣椒集约化育苗对育苗基质的基本要求是有良好的保水性和透气性，无菌、无虫卵、无杂质。夏季基质配方可用草炭∶蛭石∶珍珠岩 = 3∶1∶1（加三元复合肥 1 ~ 1.5 千克/米^3），冬季配方为草炭∶蛭石∶珍珠岩 = 6∶1∶3（加三元复合肥 1 ~ 1.5 千克/米^3），或用其他原料代替进行调配。调配后的基质密度为 0.3 ~ 0.5 克/厘米^3，pH 为 5.5 ~ 6.2，EC 值为 1.5 ~ 2 毫西/厘米（饱和液法）。在调配过程中应对基质的理化性质进行测定和调节，调配完成后进行消毒处理，然后加入生物菌肥备用。

生产中也可根据当地资源情况，因地制宜配制育苗基质。近年来，研究发现效果较好的基质配方有：①砻糠灰、草炭、蛭石按体积比 60∶30∶10 配制。砻糠灰是由稻壳炭烧后而成的灰，略偏碱性，含丰富的钾元素，排水、透气性良好，来源普遍，可以很好地代替草炭作为栽培基质。②泥炭、椰糠、蛭石、珍珠岩按体积比 42∶33∶20∶5 配制。椰糠具有优良的园艺基质性能，如低容重、多孔隙和高比表面积，在泥炭基质中添加椰糠可有效降低容重、改善通气孔隙，增强基质对水分和养分的吸持能力，可作为替代泥炭的基质材料。③菇渣、炉渣、牛粪按体积比 2∶1∶1 配制，或玉米秸秆、炉渣、牛粪、菇渣按体积比 1∶1∶1∶1 配制，在甘肃河西地区应用取得较好的效果。

2. 营养液配方

（1）日本山崎甜椒营养液配方　四水硝酸钙 354 毫克/升、硫酸钾 607 毫克/升、磷酸二氢铵 96 毫克/升、七水硫酸镁 185 毫克/升、乙二胺四乙酸铁钠盐 20 ~ 40 毫克/升、七水硫酸亚铁 15 毫克/升、硼酸 2.86 毫克/升、硼砂 4.5 毫克/升、四水硫酸锰 2.13 毫克/升、五水硫酸铜 0.05 毫克/升、七水硫酸锌 0.22 毫克/升、钼酸铵 0.02 毫克/升。

（2）山东农业大学辣椒营养液配方（1978）　四水硝酸钙 910 毫克/升、硝酸钾 238 毫克/升、磷酸二氢钾 185 毫克/升、七水硫酸镁 500 毫克/升、乙二胺四乙酸二钠铁 20 ~ 40 毫克/升、硼酸 2.86 毫克/升、四水硫酸锰 2.13 毫克/升、七水硫酸锌 0.22 毫克/升、五水硫酸铜 0.08 毫克/升、钼酸铵 0.02 毫克/升。

三　育苗场所消毒与种子处理

1. 育苗场所消毒

育苗室一般进行熏蒸消毒，可按 2000 米温室用高锰酸钾 1.65 千克、40% 甲醛 1.65 千克、沸水 8.4 升进行混合反应消毒，产生烟雾后封闭温室 48 小时，然后通风待气味散尽即可使用。也可用 50% 百菌清可湿性粉剂 1500 倍液对苗床、育苗室支架、地面进行全面喷洒清洗，通风晾干后即可使用。对二次利用的穴盘应进行浸泡消毒处理（图 4-8）。

图 4-8　对二次利用的穴盘进行消毒

2. 辣椒种子处理

种子处理是培育壮苗的重要环节，通过种子处理可杀灭种子表面的病原菌，减少苗期及生长期的病害，达到培育壮苗的目的。经过严格处理并且包衣的辣椒种子，可采取直接浸种催芽的方式；没有经过处理的种子，可以采取以下几个步骤进行消毒。

（1）种子内部消毒　采用热水高温消毒，其程序为：①种子预热。将辣椒种子松散地装入棉纱布口袋，在37℃水浴容器中预热10分钟。注意种子装入量要小于纱布口袋容量的50%，在预热过程中轻轻摇晃纱布口袋，排除种子表面的空气，打破包围在种子表面的气膜，确保每粒种子能均匀彻底浸湿。②高温消毒。将经预热的辣椒种子捞出，放入另一个50～55℃水浴容器中高温消毒30分钟。③快速冷却。高温消毒时间一到，立即将装有种子的纱布口袋捞出，放入冷水中或用冷水冲淋降温。④无菌风干。种子冷却后，在无菌条件下（如无菌操作台）自然风干。⑤保护性处理。种子晾干后用杀菌剂或杀虫剂进行处理，切忌湿润的种子直接接触杀菌剂或杀虫剂。

（2）种子表面消毒　可用真菌性或细菌性杀菌剂，如用硫酸链霉素进行种子表面消毒。对存在于种子表面的细菌性病害的病菌，如引发辣椒细菌性斑点病的病菌，用含5.25%～5.45%次氯酸钠的日用漂白剂加水（体积比为1∶3）稀释，每500克种子用配好的稀释液4升，浸泡1～2分钟，有较好的消毒效果。用磷酸三钠溶液浸种可有效杀灭辣椒种子携带的烟草花叶病毒，方法为：用磷酸三钠120克加水1升制成磷酸三钠稀释液，浸种30分钟，然后用无菌水冲淋，种子风干后，再用漂白液处理还可杀灭其他病菌。种子用漂白液消毒后必须进行风干，才能再做后续的保护性消毒。

（3）种子保护性消毒　每千克辣椒种子用50%克菌丹可湿性粉剂或50%福美双可湿性粉剂1～1.5克。将种子与药剂放入密闭的容器中，通过不断转动容器，使药剂均匀地附着在种子表面，容器体积是需要消毒的种子体积的2倍时效果较佳。拌种应选择在室外或通风良好的地方进行，操作人员应穿戴防毒衣服、面具、橡胶手套，尽量减少皮肤与化学药剂的接触。操作过程中应严格按照杀菌剂包装上的说明（如浓度、用量、组分、操作须知等）进行。每次消毒后，及时用肥皂清洗皮肤。

通过热水消毒和漂白剂浸种，可有效控制种子携带的炭疽病、细菌性斑点病病菌等；通过药剂拌种，可防止种子腐烂和苗期猝倒病的发生。

四 催芽及育苗管理

辣椒为喜温蔬菜，对温度要求高，较高的温度条件是培育壮苗的关键技术之一。种子发芽的适宜温度为 25～30℃，在该条件下 4～5 天即可发芽，低于 15℃ 时不发芽；在 25℃ 条件下干种直播出苗比较快。幼苗生长需要较高的温度，适宜温度为 20～28℃，白天最佳温度为 25～27℃、夜间 18～20℃，育苗期间日平均温度为 19～21℃ 时幼苗生长最快，温度偏低幼苗生长显著变慢。适宜幼苗生长的基质温度为 17～24℃，在 15℃ 以上时，根系发育较好；超过 24℃ 时幼苗容易徒长；21～23℃ 为幼苗根系生长的最佳温度。甜椒对温度的要求略高一些。

五 嫁接育苗

辣椒由于连作障碍，青枯病、疫病、根结线虫病等土传病害发生严重，尤其是疫病多在结果期发生，常导致毁灭性损失。除采用换土、药剂消毒等方法外，也可进行嫁接育苗，以增强辣椒苗的抗病性与抗逆性。

1. 播种与嫁接前管理

辣椒接穗和砧木种子经过精选、消毒和包衣处理后，可同时进行干播，即将接穗种子播种在 105 孔或 128 孔的穴盘中，砧木种子播种在 50 孔或 72 孔的穴盘中。高温季节苗龄 45 天左右，低温季节苗龄 55 天左右。

辣椒播种后，可在育苗室苗床上进行变温催芽，或在催芽室中催芽。在催芽室中催芽时，将穴盘码垛堆积，温度保持在 30～32℃，催芽时间为 4～5 天，催芽过程中需要将穴盘的上下位置进行倒换。在种子"拱土"前将穴盘移到育苗室中培养。辣椒种子出土后需及时浇灌营养液，可用"宝力丰""瑞莱""普罗丹"或"花无缺"通用型肥料 1000～1200 倍液进行浇灌。浇水应在上午进行，基质相对含水量宜保持在 65%～85%。在生产中应根据基质含水量和天气情况预测当天的蒸发量，要求当天水分蒸发和消耗后，基质相对含水量降至 65% 左右。高温季节中午蒸发量大，苗床边缘部分秧苗出现萎蔫时可适当补水或将苗盘调换位置，防止因缺水造成影响。在接穗和砧木培养期间，浇灌的营养液应随着苗的生长逐步提高浓度，从 1200 倍液逐步提高至 800 倍液左右，2~3 天浇灌 1 次。通用型与钙镁肥应交替施用，一般施用 2 次通用型，施用 1 次"瑞莱"17（氮）-5（磷）-17（钾）-3（钙）-1（镁）型肥料 1000 倍液，以增强植株的抗逆性。

接穗和砧木出苗后，在子叶展平至第一片真叶长出期间及时进行分级和移苗。将苗分为正常苗、小苗和空穴 3 类，把小苗移出，在移出的空穴和原有的空穴中补栽正常苗，防止大苗影响小苗，从而提高整齐度。接穗生长至 4 叶 1 心、茎粗在 2 毫米以上、叶片颜色深绿、无病斑和虫口时，即达到嫁接标准；砧木生长至 4 叶 1 心或 5 叶 1 心、茎粗在 2 毫米以上、根系为白色、能将基质牢固包住、形成"抱团"、叶片颜色深绿、无病斑和虫口时，即达到嫁接标准。

2. 嫁接技术

辣椒嫁接有靠接、劈接、斜贴接等多种方法，集约化育苗多用劈接法和斜贴接法。

（1）劈接法　嫁接前 1 天给接穗浇 1 次水，以浇透为宜，保持接穗处于高含水量、植株硬挺的状态，以利于嫁接操作。嫁接前用 50% 百菌清可湿性粉剂 1000 倍液进行叶面喷雾，当叶面药液晾干后，即可进行嫁接操作。嫁接前给砧木适当浇灌营养液，可用通用型肥料 1000 倍液进行浇灌，浇灌量以基质相对含水量保持在 80% 为宜。然后将达不到嫁接标准的砧木挑出来，集中在苗盘中继续培养；将合格的壮苗集中在嫁接苗盘，使整盘砧木大小一致。

嫁接时将砧木从子叶上方 1~2 厘米处切断，去掉子叶，放置在通风的地方。待伤流液变干，没有新液流出时，用 75% 百菌清可湿性粉剂 1000 倍液喷雾，晾干后嫁接。冬季低温季节可安装风扇加强通风，以利于伤流液变干。

将砧木放在操作台上，2 名嫁接工 1 组，从苗盘中部向边缘进行嫁接操作。将接穗从子叶上方 1 厘米处切断，削成双面楔形，楔形的斜面长度为 3 毫米左右。用刀片将砧木从中间垂直向下切入，深度为 5 毫米左右，拔出刀片后将接穗双面与砧木紧密接合在一起，注意必须使接穗与砧木一侧的形成层对齐，再用平口夹固定，并将完成嫁接的苗盘及时放到保湿、保温和遮光的嫁接苗床上。

（2）斜贴接法 接穗和砧木的处理方法与劈接法相同。嫁接时，先将接穗从子叶上方1厘米处切断，再进行切削，切削位置与第一片真叶着生部位相互垂直，切出长度为5~7毫米的光滑斜面，斜面的角度为50~60度；砧木切削面与子叶着生位置平行，切削出长度为5~7毫米的光滑斜面，斜面的角度为30~40度，与接穗的角度相吻合。最后将接穗与砧木紧密对齐，用平口夹子固定即可。

辣椒接穗在第一次切削嫁接后，剩下子叶的接穗可放置到苗床上继续进行培养，让子叶上方的侧芽发育成健壮的芽后再作为接穗进行嫁接。一般经过20~25天的培养，2个侧芽中较大的1个即达到4叶1心的嫁接标准，便可以采芽嫁接，以提高接穗种子的利用率。一般经过细致管理，从1株接穗可采集2~3个接穗芽进行嫁接。

> **提示** 生产中应注意辣椒为假二叉分枝，成株上的侧芽均带有花蕾，不利于嫁接，只能选主干下部萌发出的不带花蕾的侧芽进行嫁接。嫁接的场地要注意选择避风场所，最好是在温室或大棚内。嫁接使用的刀具必须锐利，并且刀具等使用时要及时消毒，防止感染病原菌。

（3）其他 近年来，一些地区应用套管嫁接技术取得了较好的效果。套管嫁接具有操作简便、速度快、效率高等特点，具体方法如下。

待砧木与接穗长至5~7片真叶时，茎粗已达0.2~0.3厘米，可在砧木育苗盘中直接进行嫁接。准备好相应大小的专用嫁接塑料胶管（长度以12毫米为宜），以及专用套管嫁接器。在砧木近根部的2~3片真叶间与茎成30~45度角用专用套管嫁接器斜剪一刀，斜面长1厘米左右，保留2片真叶。接穗保留2叶1心或3叶1心，与茎成30~45度角也用套管嫁接器斜剪一刀。将套管套在砧木切口处，若是有裂口的套管，则将套管裂口朝向切口背面，然后将接穗插入套管中，确保砧木和接穗的切面相互吻合，贴合严密。

> **注意** 每盘砧木嫁接完成后立即放在已准备好的嫁接苗床上，并用0.1~0.2毫米厚的塑料薄膜直接贴苗覆盖，避风、保湿、遮阳。

3. 嫁接后苗床管理

（1）环境控制 辣椒为半木质化作物，嫁接后伤口愈合需要较长的时间，一般夏季高温季节需要5~6天，冬季低温季节需要6~8天。愈合期间需要较高的温度，保持白天温度为 22～26℃、夜间温度为 20～22℃，温度适宜有利于嫁接伤口的愈合并形成新的输导组织，温度过高则易造成接穗脱水。辣椒嫁接后，空气相对湿度保持在 90%～95%，基质相对含水量控制在 80%～90%，基质湿度过大易造成砧木根系腐烂。嫁接后第二天，在早上和傍晚光照弱时，将保湿膜揭去对嫁接苗进行通风和检查。基质含水量降低时，在早上根据天气和蒸发量的预测适当浇水，浇水后待叶面水滴基本晾干后进行盖膜保湿。同时，检查有无病害发生，发现病害及时喷药防治，喷药宜在傍晚进行，并且应待叶面的药液晾干后再盖膜保湿。嫁接后伤口愈合期间，需要弱散射光，光照不宜超过 3000 勒克斯，适当的光照有利于愈伤组织形成新的输导组织。嫁接 3～4 天后，每天逐渐延长通风时间，当接穗出现萎蔫后及时盖膜保湿，若中午出现接穗萎蔫则应及时增加空气湿度。同时，适当加强光照，但光照强度不宜超过 5000 勒克斯。嫁接 6～8 天后，伤口基本愈合，新的输导组织基本形成，保持白天温度为 24～26℃、夜间温度为 14～18℃。将保湿膜去掉，空气湿度保持在正常育苗管理水平，基质见干见湿，其相对含水量保持在 65%～85%。白天逐渐将遮阳网去掉，中午秧苗出现萎蔫时再进行遮阴，以嫁接苗不出现较重的萎蔫为宜。经过 3 天左右的锻炼，嫁接苗基本适应了外部的环境条件后便可将遮阳网全部撤去，在正常天气条件下，接穗不再出现萎蔫即标志着嫁接成活，待接穗长出 1 片新叶时即可出圃。

辣椒嫁接苗标准：接穗 4 叶 1 心或 5 叶 1 心，叶片颜色浓绿；生长出的新叶为黄绿色；嫁接口生长良好；砧木根系发达、为白色，将基质牢固"抱团"，植株无病斑和虫口。

（2）营养液管理 辣椒嫁接前已对砧木浇灌了肥料，在嫁接后 5 天内，新的输导组织还没有形成，接穗以消耗自身的营养物质为主，一般不施肥。5 天后输导组织开始形成，砧木吸收的水分和养分开始输送到接穗，此时开始对砧木进行施肥。施肥以"普罗丹""花无缺""宝力丰"和"瑞莱"通用型肥料为主，可用 800～1000 倍液进行浇灌。在高温季节，浇灌后需要用清水对叶片进行冲洗，以免残留的肥料烧伤叶片。营养液与清水需交替进行，每浇 2～3 次通用型肥料，用 1 次高钙镁肥料。

六 苗期病虫害防治

1. 生理性病害

在辣椒育苗期间容易发生生理性病害，如徒长、沤根、烧苗、闪苗等，出苗后应根据天气变化及时加强防控措施。

（1）徒长 可采取通风降温、控制水分、降低湿度、喷施磷钾肥等措施，也可以使用 2 克/千克的矮壮素进行喷施。苗期喷施 2 次矮壮素，并且宜早晚进行，处理后可适当通风，禁止喷施后 1~2 天内向苗床浇水。

（2）沤根 保持适合的温度，加强通风换气，控制浇水量，调节湿度，特别是在连续阴雨天时不要浇水。一旦发生沤根，可在苗床撒草木灰 +3% 熟石灰，或 1:500 倍的百菌清干基质，或喷施高效叶面肥等。

（3）烧苗 严格控制施肥浓度，浇水量要适宜，保持基质湿度，降低基质温度。出现烧苗时应适当多浇水，以降低基质中的溶液浓度，并视苗情增加浇水次数。

（4）闪苗和闷苗 通风时由小到大，时间由短到长。通风量的大小应使苗床温度保持在幼苗生长适宜范围以内为准。阴雨天尤其是连续阴雨天应用磷酸二氢钾对叶面和根系进行追肥。

（5）僵苗 僵苗又叫小老苗，是苗床土壤管理不良和苗床结构不合理造成的一种生理障害。表现为幼苗生长发育迟缓、生长慢、苗株瘦弱、叶片黄小、茎秆细硬。苗床土壤施肥不足、肥力低下（尤其缺乏氮肥）、干旱及质地黏重等不良因素是形成僵苗的主要原因，地温低于10℃超过5天也容易出现"僵苗"。配制床土时，既要施足腐熟的有机肥料，也要施足幼苗发育所需的氮、磷、钾营养物质。苗期注意增加光照，温湿度控制在适宜的范围内，炼苗应适度。如果发现"僵苗"，除保证合理的温湿度外，可以对"僵苗"喷洒10~30毫克/千克的赤霉素或叶面宝等，也可用0.2%活力素液 +0.5%磷酸二氢钾液 +0.2%尿素混合液进行叶面喷施。

2. 侵染性病害

在辣椒育苗期间易发生的侵染性病害主要有猝倒病、立枯病、灰霉病、疫病、疮痂病、病毒病等，虫害有蚜虫、蓟马、白粉虱等。侵染性病害以预防为主，要做好保护地、苗床和种子消毒，并采用控制温度、湿度和通风等生态防病措施。同时，出入保护地时随时关门，防止害虫飞入。

（1）**猝倒病**　猝倒病常见的症状有烂种、死苗和猝倒3种，是辣椒苗期的主要病害之一。在种子发芽至出土前即可发生，表现为烂种、烂芽。幼苗出土后主要危害真叶展开前的幼苗及有1~2片真叶的小苗，茎基部木质化的大苗一般不会受害。幼苗发病时，病苗基部像被开水烫过一样呈黄绿色水渍状，病斑很快变为黄褐色并发展至绕茎1圈，病部组织腐烂、干枯进而凹陷、缢缩，变细呈线状，地上部因失去支撑能力而倒伏，病苗叶片一般仍保持绿色。苗床湿度较大时，在病苗及其附近床面上常密生白色棉絮状菌丝，可区别于立枯病。发病初期苗床中只有少数幼苗发病，几天后以发病幼苗为中心逐渐向外扩展蔓延，最后引起幼苗成片倒伏死亡。

应加强苗床管理，苗床土壤温度要求保持在16℃以上，齐苗后注意通风，防止苗床湿度过大，并增加光照，以促进秧苗健壮生长。苗盘用含苗菌敌的蛭石（1米³蛭石+30克苗菌敌）覆盖，发病初期用64%噁霉灵可湿性粉剂+70%代森锰锌可湿性粉剂500倍液、20%甲基立枯磷乳油1200倍液、25%瑞毒霉800倍液或75%百菌清可湿性粉剂600倍液等进行喷雾防治，出苗后每周喷药1次，连续喷2~3次。苗床湿度较大时，不宜再喷药液，要用甲基托布津或甲霜灵等粉剂拌草木灰或干细土撒在苗床上。

（2）**立枯病**　刚出土的幼苗及大苗均可发病，但一般多发生在育苗的中后期。因幼苗苗龄较大，发病后并不立即倒伏，仍然保持直立状态，因此称之为"立枯病"。发病初期的幼苗白天萎蔫，早晚恢复正常，反复几天后枯萎死亡。该病主要危害幼苗茎基部，发病时幼苗茎上生有椭圆形暗褐色病斑，逐渐凹陷扩大，绕茎1圈后病部收缩干枯，形成缢缩，导致幼苗全株死亡。一般情况下，病株叶片多变为浅绿色，然后转为黄色，最后枯死、脱落。当湿度大时，病部生有浅褐色蛛网状霉层，无明显白色霉斑，可以此来区别猝倒病和立枯病。

尽量避免大棚出现高温、高湿状态。发病初期，可选用36%甲基硫菌灵悬浮剂500倍液、20%甲基立枯灵1500倍液、5%井冈霉素1500倍液、70%甲基托布津800倍液或30%噁霉灵500倍液等喷施，一般每7天喷1次，连喷2~3次。当苗床同时出现猝倒病和立枯病时，可用72.2%普力克水剂800倍液或38%福·甲霜可湿性粉剂600倍液进行苗床浇施。

（3）**灰霉病** 主要发生在幼苗长出真叶以后，气温低、通风不良的情况下容易发病，苗床湿度过大或遇有 1 周以上的连续阴雨天气，最利于该病发生和蔓延，该病已成为众多地区辣椒苗期的毁灭性病害。当辣椒出现第 1 片真叶以后，子叶、幼苗均可感病。幼苗多在叶尖部发病，由叶缘向内呈"V"字形扩展。初始时子叶顶端褪绿变黄，后扩展至幼茎；病部开始呈水渍状，后变成褐色、缢缩、折倒，直至全株死亡。叶片感染后，病部腐烂，或长出灰色霉状物，严重时上部叶片全部烂掉，仅余下半截苗茎。幼茎感染后，病部缢缩呈灰白色，组织软化，表面生有大量灰色霉层，病部扩展绕茎 1 圈时幼苗折倒，其上端枝叶枯萎、腐烂或枯死，症状有别于猝倒病。

低温高湿有利于该病的发生，应加强苗床的通风，降低湿度，适当控制浇水量。浇水应在晴天上午进行，以便排湿，减少夜间棚室结露。发现病苗及时挖除，以减少菌源。发病初期及时喷药，可用 50% 腐霉利可湿性粉剂 1000 倍液、50% 速克灵可湿性粉剂 1500 ~ 2000 倍、50% 扑海因可湿性粉剂 1000 ~ 1500 倍液、25% 多菌灵可湿性粉剂 400 ~ 500 倍液或 75% 百菌清可湿性粉剂 500 倍液等喷施，每隔 7 ~ 10 天喷 1 次，共喷 2 ~ 3 次。也可每亩用 10% 速克灵烟熏剂 250 ~ 300 克进行熏蒸防治。

（4）**疫病** 幼苗发病多在根茎部，茎基部最初呈现水渍状、暗绿色病斑，后发展成梭形大斑，病部缢缩、呈黑褐色，幼苗倒伏易折，湿度大时病部出现白色霉层。叶片发病，多从边缘开始，病斑为暗绿色，由边缘向中心扩展。防治时可选用 40% 三乙膦酸铝可湿性粉剂 400 倍液、75% 百菌清可湿性粉剂 800 倍液、21% 甲霜灵可湿性粉剂 800 倍液、72.7% 霜霉威水剂 800 倍液或 64% 噁霜·锰锌可湿性粉剂 500 倍液交替喷洒，每 5 ~ 7 天喷 1 次，连喷 2 ~ 3 次。

（5）**疮痂病** 幼苗叶片发病时，病斑呈水渍状，常沿叶脉发生，造成叶片呈水渍状腐烂。病情发展迅速，造成整个苗床发病，严重时幼苗生长点烂掉，只剩下部分茎秆。7 ~ 8 月高温多雨季节，该病易发生和流行。生产上应注意降低苗床湿度，控制浇水量，以当天浇的水基本蒸发完为宜，在连阴天时加强通风并控水，降低空气湿度。发病初期选用 72% 硫酸链霉素可溶性粉剂 4000 倍液、60% 琥胶肥酸铜可湿性粉剂 500 倍液或 14% 络氨铜水剂 300 倍液交替喷洒，每 7 天左右喷 1 次，连喷 2 ~ 3 次。

（6）病毒病 侵染辣椒的病毒病比较多，在生产上黄瓜花叶病毒（CMV）、烟草花叶病毒（TMV）、辣椒轻斑驳病毒（PMMoV）较为常见。辣椒苗期病毒病主要由高温、干燥的环境引起，北方春末、夏初的"干热风"天气，十分容易造成病毒病的大面积发生。在生产上应注意环境调控，加强降温和增湿措施，减少病毒病发生的有利条件。采用化学防治时可选用 0.1% 硫酸锌溶液、20% 吗胍·乙酸铜可湿性粉剂 500 倍液、1.5% 烷醇·硫酸铜乳剂 1000 倍液、3.9% 病毒必克可湿性粉剂 1500 倍液、10% 宁南霉素可溶性粉剂 1500 倍液或 6% 嘧肽霉素水剂 1200 倍液进行叶面喷雾，每 5~7 天喷 1 次，连喷 2~3 次，可提高辣椒的抗病能力。

（7）虫害防治 在辣椒育苗期间易发生的虫害主要有蚜虫、蓟马、白粉虱等。防治措施为：育苗设施的所有通风口及进出口应设置 40 目（孔径约为 0.425 毫米）防虫网；设施内张挂粘虫板，每 10 米^2 悬挂 1 块，黄板诱杀白粉虱、蚜虫的效果较好，蓝板诱杀蓟马的效果较好。虫害大量发生时，可用 10% 吡虫啉 1000 倍液或 25% 阿克泰 5000~7500 倍液等进行化学防治。

七 壮苗标准

辣椒种子实生苗的壮苗标准为：品种纯度大于或等于 98%，幼苗子叶完整、4 叶 1 心，叶片颜色深绿，株高 12~15 厘米，茎粗 0.3~0.4 厘米且直立，根系将基质紧紧抱团，根毛多、为白色，植株无病斑和虫口。

辣椒嫁接苗的壮苗标准为：品种纯度大于或等于 98%，株高 12~15 厘米，茎粗 0.4~0.5 厘米，接穗生长有 4 叶 1 心，嫁接口愈合好，接穗与砧木发育同步（茎粗细相同），共生能力强，根系将基质紧紧抱团，根毛多、为白色。植株无病斑和虫口。

八 成品苗包装与运输

辣椒苗为木质化苗，茎韧性较强，不易受损伤，叶片较小，水分蒸发量较少，适于长途运输。

1. 成品苗运输前的处理

（1）秧苗锻炼 我国北方地区，冬季异地育苗远途运输的首要问题是防止秧苗受冻害，主要预防措施是在秧苗出圃运输前 3~5 天逐渐降温锻炼。辣椒育苗时可将苗床白天温度降至 10℃左右，夜间最低 7 ~ 8℃，并适当控制浇水量。通过降温、控水，辣椒苗生长缓慢，光合产物积累量增加，茎叶组织的纤维含量增加，含糖量提高，叶片含氮量降低，表皮增厚，气孔阻力加大，抗逆性增强，有利于抵御贮运途中低温的伤害。

> **注意** 炼苗不可过度，控水不宜过分，否则会影响苗的正常生长发育。

（2）**保鲜处理** 如果运输路途较远，则必须对辣椒苗用保鲜药剂处理，防止水分过度蒸发及根系活力减退。用 300 微克/升乙烯利溶液处理，有利于秧苗定植后缓苗和发根；运输前喷施 0.2% 糖液有利于定植后的秧苗恢复生长；用 KH-841 保水剂 800 倍液进行保根处理后的秧苗，放置 48 ~ 72 小时后再定植，可显著提高坐果率和产量；在运输前 1 天喷施 1 次 0.04% 富里酸复配型蔬菜秧苗保鲜剂溶液，可延长秧苗贮运期 2 ~ 3 天，保证秧苗质量。

（3）**防病处理** 为防止辣椒苗运输过程中和定植后病虫害的发生，在贮运前应先喷洒 75% 百菌清可湿性粉剂 800 倍液和 10% 吡虫啉可湿性粉剂 1500 倍液。

（4）**保湿处理** 为防止秧苗运输过程中失水萎蔫，在贮运前 24 小时可将辣椒苗浇水湿透，待过多水分从穴盘底部流出后立即包装贮运。

2. 成品苗的包装

秧苗质地柔弱易损，为防止运输过程中由于挤压或碰撞而影响质量，应在运送前进行保护性包装，注意选择具有防压、透气、防冻、防热、耐搬运等特性的包装箱，常用容器有纸箱、木箱、塑料箱等。在装箱过程中，注意不要破坏秧苗根系，以免影响定植后缓苗。远距离运输时，每箱装苗不宜太满，装车时注意既要充分利用空间，又要留有一定空隙，防止秧苗遭受热伤害。可以带盘运输，也可不带盘运输。带盘运输时运输量较小，但对根系保护较好；不带盘运输时应将秧苗从穴盘中取出，按次序平放在容器内，注意保护好根系。在装箱过程中，注意防止基质散落而造成根系散落。为避免包装箱内乙烯积累及呼吸热无法散失，可在包装容器上打洞，但要注意打洞的位置及数量。也可将秧苗带穴盘放置在苗盘架上，直接推入封闭式运输车，到达定植田后，边取苗边定植。未能及时定植或栽不完的秧苗，可每天早上浇透水备用。

3. 成品苗的运输

常见的秧苗运输问题有两种：一是经运输后秧苗根坨基质严重脱落，根系得不到保护，导致定植后缓苗期延长，甚至影响定植成活率。这是由于根系生长量不够或装箱不当造成的。二是秧苗失水萎蔫。这是由于运输中温湿度控制不当，高温低湿及箱内通风量过大造成的。

为保证秧苗快速、安全地运输到栽培田，一般采用汽车运输，可减少中间的装卸环节。因秧苗运输对温度及通风等有一定的要求，最好采用保温空调车贮运。在没有空调车的条件下，夏季运输应尽量在夜间进行，秧苗装车后应用篷布全面覆盖，防止大风直接吹到箱内秧苗；运苗箱的通气孔要设置适当；在运输前应给苗盘浇水，保持根部有适宜的湿度。冬季运输应做好防冻准备，防止运输中出现秧苗受冻害而造成严重损失。冬季可以在中午运输，尽可能充分利用自然温差，同时采取辅助性保温措施，如加挂毡帘、覆盖棉被等。冬季贮运秧苗时不要采取穴盘包装的方法，否则秧苗容易受冻，应采用裸根包装，即将秧苗从穴盘中取出，一层层平放在箱内，并在包装箱四周衬上塑料薄膜或其他保温材料，防止寒风侵入而伤害秧苗，装箱后在顶部和四周用棉被覆盖严实进行保温，并用绳子固定以防止大风吹开。

第四节 辣椒漂浮育苗

漂浮育苗是一种新的育苗方法，是将装有轻质育苗基质的泡沫穴盘漂浮于水面上，把种子播于基质中，秧苗在育苗基质中扎根生长，并能从基质和水床中吸收水分和养分的育苗方法。与常规育苗相比具有以下优点：占地面积小，育苗效率高；幼苗生长快，育苗周期短；根系较发达，秧苗质量好；基质不带菌，无土传病害；可长途运输，移植易成活。漂浮育苗现已成为加工辣椒育种的一种重要方式（彩图2）。

一 育苗前的准备

1. 苗床场地的选择

应选择避风向阳、地势平坦、地下水位低、远离建筑物、交通方便、靠近水源、具有洁净水源保障的场地建棚。苗棚四周须设置隔离带，禁止闲杂人员和禽畜进入。

2. 育苗棚的制作

育苗棚按形状大小可分为连体棚、单体棚、大棚、中棚、小棚等。根据育苗需要及实际情况，农户可自行安排棚的大小，外形规格、棚架材料也可根据实际情况自行决定，但要求棚架牢固、棚膜用无滴膜、门窗易于开启且满足通风降温要求，最好加装40目防虫网、遮光率为70%～80%的遮阳网。

3. 育苗池的建造

育苗池一般为长方形，长和宽根据棚和盘的实际情况灵活掌握，池内缘与苗盘间留1～2厘米的间隙，既便于育苗盘取放，又可减少阳光直晒而滋生藻类。育苗池深度为6～10厘米，池埂可用水泥砖、红砖、空心砖做成，底部平整拍实，用厚0.10～0.12毫米的黑色薄膜铺底，膜的边缘要盖在池梗上，池梗的宽度以50厘米为宜。育苗池制作好后，应于播种前5～7天蓄水，水深3～5厘米，以不超过6厘米为宜，然后检查是否漏水，如果发现渗漏应及时更换薄膜或彻底补好漏洞。育苗池中每吨水撒入10克左右的粉末状漂白粉进行消毒，然后关闭棚膜对大棚进行增温，2天后适当搅动育苗池水使消毒过程中产生的氯气自动逸出以待播种。

4. 育苗盘的选择

漂浮育苗盘规格为68厘米×34厘米，育苗盘孔径为2.5厘米、深0.8厘米，向下呈V字形，盘底部有1个圆孔，根系可通过圆孔深入育苗池，单盘200穴。新的漂浮盘可直接使用，不需消毒。使用1次以上的漂浮盘必须进行消毒处理，首先清除盘上的残留物，然后采用以下方法之一消毒。

1）用1%的生石灰水浸泡1天左右，然后用清水冲洗干净至无气味。

2）用15%次氯酸钠溶液喷洒或浸泡育苗盘，然后用塑料薄膜密封24小时，最后用水冲洗干净。

3）直接用0.05%～0.10%高锰酸钾溶液喷洒或浸泡育苗盘1小时，再用清水冲洗干净备用。

5. 漂浮育苗基质的选择

基质质量是漂浮育苗成功的关键，基质要求具有良好的物理性能、通透性好、化学性质稳定，最好选用配制好的专用基质。基质也可自行配置，其主要原料为草炭、珍珠岩、蛭石，比例为 2∶1∶1。基质中都需要添加杀菌剂，可选用 50% 多菌灵可湿性粉剂。

二 播种育苗

1. 装盘

选择平整、卫生的场地装盘。装盘的原则是均匀一致，松紧适度。首先将基质喷水，使基质湿润，达到手握成团、碰之即散。装盘时边装边轻敲漂浮盘边缘，使孔内基质松紧适度，避免拍压基质，如果装填过于紧实，苗穴基质透气性差，根系活力降低，会形成很多的螺旋根；另外装填量过大，漂浮盘入水过深，盘面过湿，绿藻容易滋生，应防止基质装填过实。要调整好基质水分含量，基质过于干燥会出现装填不实，苗穴底部中空，使基质不能与营养液接触而干穴，种子便不能萌发。将基质均匀装满漂浮盘后刮平，再用木板轻拍盘四边或墩盘 1~2 次，使基质充分接触。用食指和中指轻按形成约 0.5 厘米深的孔穴。有配套播种器的，可采用相应的压穴板压穴（也可自行制作），以确保适宜的播种深度。

2. 播种

每穴播 1~2 粒辣椒种子，然后覆盖基质约 1.0 厘米厚，不可将基质盖得过厚，以免种子难于出苗。然后清理盘四周及底部的基质，将盘放入水中并覆盖地膜。漂浮盘放入育苗池 1 小时左右，基质可充分湿润，要让其自然吸水，切勿用力下沉漂浮盘试图加快吸水，这样会使基质流失。

3. 添加营养液

可直接购买营养全面的育苗专用营养液肥，也可自行配制。自行配制时应选用三元复合肥，质量百分比为 0.01%。育苗池前期不需要添加营养液，当幼苗真叶长出时添加 1 次。施肥前先将池内水加深到 10~15 厘米，计算出育苗液的体积，根据营养液的质量百分比（苗期一般采用 0.01%）计算需要的肥料量，充分溶解肥料后再将育苗盘取出，将营养液倒入育苗池搅拌均匀后，再将育苗盘放入池中。以后可根据幼苗的生长情况判断是否缺肥，适当添加营养液，保证幼苗生长健壮。

三 苗床管理

1. 温湿度管理

种子发芽适宜的温度为 25~30℃，发芽需要 5~7 天，低于 15℃或高于35℃时辣椒种子不发芽。苗期要求温度较高，白天25～30℃、夜晚15～18℃时最好。幼苗不耐低温，要注意防寒。育苗棚应经常通风排湿，保持相对湿度小于90%。在整个育苗阶段的前15天以调控温度促出苗整齐为主，中间的25天以调控温度促根为主，后25天以调控温度蹲苗为主。从出苗到真叶出现，以保温为主，棚内温度低于15℃时，应及时采取保温措施；而高于30℃，应及时采取通风、换气、遮阴、喷水等方法降温，防止高温烧苗，下午应及时盖膜。采用小棚育苗的，要在拱棚两侧对称剪开高约10厘米、宽约20厘米的扁圆形通风孔，每隔50厘米开启一对，从而避免出苗时晴天升温过快对小棚幼苗造成的不利影响。总之，在整个育苗过程中，大棚要经常通风排湿，使苗床表面有水平气流。漂浮育苗与常规育苗的技术形式跨度虽大，但是对光、温、水、气的要求是一致的，应保证幼苗生长环境良好。

2. 水肥管理

当育苗池中水分因蒸发而低于固定水位2厘米时，应及时补水至固定水位，以保持营养液正常浓度。育苗过程中，若发现水位短时间内下降较快，应检查水池薄膜是否漏水。若是薄膜漏水应及时更换薄膜，同时按原标准补充育苗专用肥。

3. 间苗、补苗和定苗

当幼苗长至有1～2片真叶时，应及时间苗、补苗、定苗。补苗应该选择生长旺盛的种苗，保证每穴1苗（山东济宁地区栽培三鹰椒时普遍采用双株移栽方式，间苗较少），使幼苗均匀整齐。另外，应及时去除存在病虫害的种苗。

4. 炼苗

炼苗是提高幼苗抗逆性和移栽成活率的重要措施之一。移栽前7～10天根据苗情，每天晚上将苗盘从苗池中取出，放在苗床边或用竹竿架于池埂两边将苗盘托起断水，次日早晨又将苗盘放入苗池中。移栽前3天，从营养液中取出苗盘，进行断肥、断水炼苗，同时逐渐加大育苗棚通风量。炼苗程度以幼苗中午发生萎蔫、早晚能恢复为宜。一般要求长出新根、叶色浅绿时移栽。

5. 加强苗棚及人员管理

消毒育苗区设专人管理，禁止闲杂人员或畜禽等进入育苗区；育苗管理人员、技术人员进入育苗区工作，鞋和手要消毒以防止病毒传染；育苗区禁止吸烟，保持环境卫生。管理人员入棚进行匀苗、除草等农事操作时应先用肥皂洗手消毒，移栽后将育苗盘清洗干净备存；棚内外杂草、杂物应清理干净并烧毁。

6. 病虫害预防

这是辣椒育苗最为关键的环节，应采取"预防为主、综合防治"的原则，消除病虫害传染源，切断病虫害传播途径，保证整个苗期无病、无虫。可采用生物农药进行绿色防控，具体措施如下。

1）第1次用药是在苗盘装好并放入苗池后，用30克哈茨木霉菌+30克枯草芽孢杆菌兑水5～15千克进行喷雾，对苗床进行消毒处理。

2）第2次用药是在出苗后（2叶1心），用30克哈茨木霉菌+30克枯草芽孢杆菌+30克几丁聚糖兑水5～15千克，对苗床进行喷雾，预防死苗、烂苗、灰霉等病害。

3）第3次用药是在育苗中期，如遇阴雨天，苗床湿度大时，用30克哈茨木霉菌+30克枯草芽孢杆菌+30克几丁聚糖兑水5～15千克，对苗床再次进行喷雾，预防辣椒灰霉病。

4）第4次用药是在移栽前7～10天，用30克哈茨木霉菌+30克枯草芽孢杆菌+30克几丁聚糖兑水5～15千克，对苗床进行喷雾。

四　辣椒漂浮育苗的常见问题及防治对策

1. 早春液温低，秧苗生长慢

辣椒秧苗对冷害比较敏感，当早春时期外界温度低、育苗池营养液温度低时，会严重影响辣椒苗的出苗时间和壮苗的培育。为克服液温低的问题，可以通过在育苗大棚内安装电子控温设备来克服，效果显著，但是成本较高。在生产上可通过提前晒水增温、减少播种初期漂浮池中水量、在漂浮池上方搭双层拱膜、在育苗盘上覆盖黑膜等措施来提高营养液和基质温度，从而提高种子出苗率。

2. 干穴与空穴现象

干穴是指在育苗过程中孔穴基质干燥不吸水，导致辣椒种子不出苗。造成干穴的主要原因可能是漂浮盘底孔堵塞、装盘时基质水分不足、基质装盘后放置时间过长、孔穴中基质形成断层，导致水分不能正常吸湿到表面等。为克服干穴现象，应检查漂浮盘是否堵塞，装盘时控制好基质水分，现装现播现漂盘，装盘后无须按压基质，保证基质不架空、不过紧，松紧适中。

育苗期间孔穴呈现空穴或半空穴现象，种子长期在水中，不出苗即为空穴。在装盘时基质过干且装填过松、大棚内存在漏水或滴水、漂浮盘底孔过大时都有可能造成空穴现象。为解决空穴问题，应检查漂浮盘底孔是否过大、大棚是否存在破裂或缝隙，装盘时控制好基质水分，若有空穴及时填充基质并补种、补苗。

3. 蓝绿藻的产生

育苗棚中温湿度过高、旧漂浮盘消毒不彻底、未及时揭开遮阳网、育苗池和漂浮盘不配套都会造成营养液中蓝绿藻的产生。为解决此问题，可从以下几方面来预防：做好旧漂浮盘的消毒工作，控制蓝绿藻产生的源头；育苗池与漂浮盘配套，使漂浮盘放在育苗池中不留空隙；及时揭遮阳网进行通风排湿，保证阳光充足和减小空气湿度；如果产生蓝绿藻，可喷施多菌灵进行防治。

4. 烧苗

若棚内温度超过30℃以上时，应注意揭开棚的两头和中间进行通风，防止烧苗。

5. 盐害

高温、低湿和过多的空气流动，都可以促使基质表面的水分大量蒸发，导致苗穴上部肥料中盐分的积累，严重时能造成幼苗死亡。出苗至根系从基质透入营养液期间，是容易发生盐害的阶段。发生盐害时基质表面会有结晶状盐析粒析出，通过浇水的方式淋洗基质中的盐分，可消除盐害。

第五章 加工型辣椒栽培技术

加工型辣椒主要包括用于酱制、腌制、泡制等加工和干制的辣椒，是我国传统的出口增收品种，适种区域广，经济效益高，加工增值潜力大，产业链长，在我国的四川、贵州、云南、湖南、湖北、山东、河南、陕西、甘肃、新疆、内蒙古、辽宁、吉林等地区均有大面积种植。加工型辣椒主要是露地栽培，生产成本低，种植技术易于掌握，采收期长，产品易于贮藏运输。鲜辣椒一般每亩可产 2000~3000 千克，干辣椒一般每亩可产 250~400 千克，效益十分可观，是农民增收致富的重要途径。

一 栽培季节与栽培制度

1. 栽培季节

辣椒喜温暖而不耐高温，喜光照而不耐强光，喜湿润而不耐旱涝，喜肥而不耐土壤高盐分浓度。种子发芽的适宜温度为 20~30℃，低于 15℃或高于 35℃时不能发芽。植株生长的适宜温度为 20~30℃，开花结果初期温度稍低，盛花盛果期温度稍高，夜间适宜温度为 15~20℃。对光照强度的要求不高，其光补偿点、光饱和点分别为 1500、3000 勒克斯，仅是番茄光照强度的 50%。辣椒对日照长短的要求不严格，但延长光照时间，可以促进果实生长发育。辣椒需水量不大，对土壤水分的要求比较严格，既不耐旱又不耐涝，在生产中应保持土壤湿润、见干见湿。空气湿度在 60%~80% 时适宜辣椒生长。加工型辣椒大多采收红椒，生育期较长，一般为 150~230 天，在国内各主要产区均为一年栽培一季，一般在春夏季或夏秋季露地栽培。全国主要加工型辣椒产区的栽培季节与栽培制度见表 5-1。

表 5-1　全国主要加工型辣椒产区的栽培季节与栽培制度

地区	类型	代表品种	栽培方式与栽培制度	常用育苗设施	播种时间	定植时间	采收时间
黑龙江	干辣椒	金塔、龙椒15号	露地（单作）	温室	2月中旬	4月上中旬移苗，5月中旬定植	鲜辣椒8月中下旬始收，12月下旬结束
	酱制用椒	龙椒8号、龙椒12号、辣妹子等	露地（单作）	温室	3月中上旬	4月上中旬移苗，5月中旬定植	鲜辣椒8月中旬始收，10月上旬结束
辽宁	加工型辣椒	三樱椒、益都红、金塔	露地（单作）	大棚	3月下旬	5月中旬	红熟时采收
山东、河南、河北	加工型辣椒	北京红、金塔、三樱椒、天宇	露地（麦套/蒜套）	小拱棚	2月下旬~3月	4月下旬~5月上旬	9月中下旬接秋后熟中旬采收
陕西	加工型辣椒（线椒）	湘研艳龙、西农8819、陕椒2006等	露地（麦套）	大棚、小拱棚	3月中下旬	5月中旬左右	分批采收
	加工型辣椒（线椒）	博辣红牛、博辣8号等	露地（麦茬）	小拱棚、阳畦	4月中上旬	6月上旬	分批采收
甘肃	加工型辣椒	长虹	露地（单作）	大棚、小拱棚	2月下旬~3月上旬	4月下旬~5月上旬	红熟时采收
	加工型辣椒	美国红	露地覆膜直播（单作）	—	4月中旬	—	8月下旬~9月中上旬
内蒙古河套地区	加工型甜椒	北星8号、北星9号	露地（单作）	温室	3月上旬	5月中旬	红熟时采收

（续）

地区	类型	代表品种	栽培方式与栽培制度	常用育苗设施	播种时间	定植时间	采收时间
新疆	加工型辣椒	红龙13号	露地覆膜直播（单作）	—	3月中旬~4月	—	9月中下旬以后，果实自然脱水率达到50%~60%时机械采收
	加工型辣椒	红安6号、红安8号、羊角椒、金塔等	露地（单作）	大棚	2月中旬	4月下旬~5月上旬	红熟时采收
云南	干辣椒	云干椒、二角椒	露地（单作）	小拱棚	1月下旬~2月中旬	4月中旬~5月上旬	整株红熟度90%以上时拔秧后熟
四川	加工型辣椒	二荆条、干椒1号、辛香8号、七星椒、天宇3号、小米辣等	露地（单作）	大棚	上一年11~12月	4月	5月下旬~10月中旬采收
重庆	加工型辣椒	艳椒425	露地（低山地区）	大棚	上年10月下旬~11月上旬	3月	5~10月采收
	加工型辣椒	艳椒425	露地（中高山地区）	拱棚	2月中旬~3月下旬	4月上旬~5月中旬	8~10月采收
贵州	加工型辣椒	金椒系列、遵辣系列	露地（高山地区）	小拱棚	1月（早熟品种）、2~3月（中晚熟品种）	4月中下旬	10月下旬采收
湖南	酱制用椒	博辣红艳、博辣红牛、博辣红帅	露地（单作）	大棚、小拱棚	11月~第二年2月	4月上旬中旬	红熟时分批采收

2. 栽培制度

辣椒不耐连作，长期连作会破坏土壤养分的平衡，使土壤肥力下降、某些矿质元素缺乏、土壤理化性状恶化，其根系分泌物影响土壤酸碱度，且连作对土壤结构也有不良影响，导致根腐病、黄萎病等土传病害严重发生，辣椒连作 2 年以上，往往就会出现植株生长不良、病害加重、产量明显下降、果实变小、品质变劣的现象。辣椒的轮作年限一般是需间隔 2 ~ 3 年，如果当地倒茬轮作确有困难，只能连作时也不能超过 2 年。实践证明，不同生态型的作物间换茬效果较好，同科作物由于易感染相同的病虫害，换茬效果往往较差。在生产上，辣椒多与小麦、玉米、水稻等粮食作物及葱蒜类作物轮作，效果较好，有条件的地区最好采取水旱轮作。

辣椒生育期较长，根系较浅，喜温耐阴，播种或定植前及采收后，田间有 5 个多月的休闲时间。因此，辣椒也是非常适合间作套种的作物。近年来，各地不断探索、实践辣椒与其他蔬菜和粮食作物的间作套种栽培模式，各种立体栽培模式不断涌现，如辣椒—玉米—芋头、大蒜—辣椒—玉米、大蒜—辣椒—棉花、洋葱—辣椒等间作套种栽培模式都很受农民的欢迎。不同作物间作套种的搭配原则是：植株高矮搭配、根系深浅搭配、生长期长短搭配、喜光和耐阴搭配。

研究表明，合理的间作套种栽培模式可以建立合理的田间群体结构，使田间群体的受光面积由平面变为波浪式受光面，构建合理的作物复合群体，满足不同作物对光照强度的不同要求，提高光能利用率；充分利用土壤地力，提高土壤中各种营养元素的利用率，还便于维持土壤溶液中的离子平衡，保证作物的正常生长发育；明显改善田间小气候，降低田间土壤根际温度，改善群体叶层内的温度、湿度及二氧化碳的分布状况，不但有助于辣椒缓苗，还有利于群体光合生产率的提高和作物抗逆性的增强，从而减轻某些病害的发生。据报道，大蒜作为辣椒的前茬作物，对辣椒生育期的土壤环境有显著影响，土壤碱解氮、土壤有效磷和有机质、土壤过氧化氢酶及土壤脲酶活性均高于其他处理；辣椒—玉米间作套种模式下，玉米不但可以作为辣椒遮光降温的生物屏障，还可以有效控制辣椒病毒病的发生概率，减少辣椒果实日灼病及棉铃虫、蚜虫等害虫为害；麦椒套种模式下，辣椒苗期蚜虫、小叶病的发生得到了有效控制，辣椒疫病、盲蝽、蟋蟀、棉铃虫的发生也显著减轻。

由此可见，合理进行辣椒间作套种，不但可以增加复种指数，提高单位面积产量，提高农业抗风险的能力，增加农民收益，而且对于减少化学农药的使用，保护生态环境，实现农业的可持续发展有重要的意义。

二 辣椒高产栽培技术

1. 整地施肥

辣椒根系浅，既不耐旱又不耐涝，在生产中应注意选择土层深厚、排水良好、疏松肥沃、呈微酸性或中性的地块，严禁选择低洼地块。辣椒忌连作，也忌与同科作物如马铃薯、茄子、烟草、番茄等连作。尽量选择前茬为禾本科作物或叶菜类作物的地块，并排查有无长残效除草剂，选择无长残效除草剂的地块种植。冬前提前深翻（25～30厘米）炕土，茄科作物连作的地块需撒施石灰或采用水旱轮作。

辣椒对氮、磷、钾三要素的需求比例约为 1:0.5:1，需求量较大，应注意施足底肥。一般结合整地，每亩施腐熟有机肥 4000～6000 千克、磷酸二铵 30 千克、硫酸钾 25 千克，应均匀撒施，然后翻耕整平、开沟起垄。

2. 起垄覆膜

北方地区一般采用平畦栽培、后期培土的栽培方式，畦间距 1.1～1.2 米。西北地区一般起垄覆膜栽培，垄宽 50 厘米、垄高 20 厘米、沟宽 5 厘米、沟距 100 厘米，起好垄后覆膜，膜宽 70 厘米。南方夏季雨水较多，为方便农事操作、排水和沟灌，一般采用窄畦或高垄，按 1.5～2 米开沟起垄，垄面宽 1～1.5 米。

3. 播种育苗

播种育苗的具体方法，参见第四章。

4. 定植

晚霜结束后，10 厘米土壤温度稳定在 15℃左右即可定植，露地栽培定植期一般比地膜覆盖栽培晚 5～7 天。宜选择晴天定植，并浇足定植水。一般早熟品种和朝天椒类型品种定植密度宜大，尖椒、线椒类型的中晚熟品种定植密度宜小，土壤肥力较好的地块定植密度宜小，土壤肥力较为瘠薄的地块定植密度宜大。在中等肥力条件下，尖椒、线椒类型辣椒每亩定植 4000～5000 株，朝天椒每亩定植 6500～7000 株。根据不同品种、不同的土壤肥力，一般按照行距 40～60 厘米、株距 25～40 厘米进行移栽，多采用双株，以获得较高的产量。定植不宜深栽，以不埋没子叶为宜。定植成活后，及时浅中耕1次。定植后可在晴天追施适量提苗肥。

5. 辣椒直播

育苗移栽用工较多，持续时间较长，在北方辣椒大规模集中栽培地区也采用直播的方式。一般在秋季深翻过程中施入底肥，第二年直播前，对土壤进行深翻细耙，使土壤细碎平整，以利于播种和出苗。通常在每年的3月中旬~4月进行播种，常见的有人工点播和机械条播两种方式。

（1）人工点播 整地施肥后，按带宽120厘米做畦，垄面宽90厘米，垄沟宽30~40厘米，垄沟深15~20厘米，在垄面播2行辣椒。4月上旬进行播种，采用挖穴直播方式，在垄面上按行距60~70厘米、株距25厘米挖穴。为防止辣椒出苗后遇到低温天气而使幼苗受到冷害，应采用深开穴、浅覆土的播种法。穴深5~6厘米，每穴播种4~5粒，覆土厚1厘米左右。如果播种时土壤墒情不好，则采取坐水播种法。覆土后将多余的土向穴的四周摊均匀，整平垄面，此时注意防止土溜进穴窝内，盖上薄膜后，在膜上每隔2米压1个土堆，以防风大揭膜。

当辣椒出苗后即将顶住地膜时，选择晴天下午或阴天及时放苗，放苗后要将膜口向下按，使其贴紧穴底，并用土封严膜口。放苗时一并间苗，每穴留3株。当苗高达到15厘米时按照辣椒品种特性进行定苗。

（2）机械条播 用70厘米的地膜进行覆盖，由挖勺式半精量滚筒播种机或覆膜铺滴灌管播种机械来完成。在地膜上进行破膜点播，每亩地块内的播种量为120~150克，每穴内播入3~4粒，其播种深度一般控制在1.5~2厘米，播种后在种子表面覆上1厘米厚的土壤进行封洞。一般为4膜8行、1膜1管，其行距配置为40~60厘米，穴距控制在27厘米，每亩地块内共4938穴。

也可以选择小麦播种机，播种前将播种机行距调整为60厘米，播种深度调至0.5~1厘米为宜。由于辣椒种子的颗粒小且播量少，播种量便难以控制，因此，不能将辣椒种子单独放入种箱，需根据品种的不同将待播的种子与炒熟的废旧辣椒种子按1:（2~3）的比例混合，以控制播种量。每亩需种量400~500克，随播随覆盖地膜。

辣椒出苗后，要及时进行间苗。间苗时要按照"四去四留"的原则，即子叶期去密留稀，棵棵放单；2~3叶期去小留大，叶不搭叶，留苗数约为定苗数的 1.5 倍左右；5 叶期去弱留强，去病留健。

直播的辣椒常因为播种不匀而造成断垄缺苗现象，在 4～5 叶期应及时补苗。补苗可利用定苗时拔出的健壮且没伤根的幼苗，将苗打穴栽好后浇水，再用土盖住湿土进行保墒，以提高成活率。在高温天气补苗时，可拔取田间杂草来盖苗遮阴，避免叶片失水萎蔫干枯。

6. 田间管理

（1）水肥管理 定植后立即浇 1 次透水，5 天后再轻浇 1 次缓苗水。刚定植的幼苗根系弱，外界气温低，地温也低，因此定植水和缓苗水的水量不宜过大，以免降低地温，影响缓苗。浇水后，及时划锄松土，增温保墒，以促进根系生长；缓苗后至开花坐果期，应适当控制水分，促使根系向土壤深处生长，达到根深叶茂。土壤水分过多既不利于深扎根，又容易引起植株徒长，坐果率降低；当土壤含水量下降到 20% 时，要及时浇水，然后中耕。当门椒果实充分膨大后，开始浇水追肥，每亩随水追施尿素 10～15 千克。进入盛果期，辣椒已枝繁叶茂，叶面积大，此时外界气温高，地面水分蒸发和叶面蒸腾多，要求有较高的土壤湿度，理想的土壤相对含水量为 80% 左右，一般每隔 10～15 天浇水 1 次，以底土不见干、表土不龟裂为宜。浇水每隔 1 次可每亩追施尿素 10 千克，以清水压肥水，提高追肥效果。进入果实转色期，每亩可追施磷钾肥 15 千克，结果后期要控制浇水，以免辣椒"贪青"，影响辣椒果实上色及品质的形成，采收前 2 周停止浇水。

辣椒浇水前要注意除草，避免浇水后辣椒田发生草荒。浇水时注意看准天气，避免浇水后降水，产生涝害，造成根系窒息，引起沤根和诱发病害。在发生辣椒病害的地块，不宜进行大水漫灌，以免引起辣椒病害传染及流行。下大雨后注意及时排涝。

（2）中耕培土 由于浇水、施肥及降水等因素，易造成土壤板结，定植后的辣椒幼苗茎基部接近土表处容易发生腐烂现象，应及时进行中耕。中耕还能提高地温，增加土壤的透气性，促进辣椒幼苗长出新根，促进辣椒根系的吸水、吸肥能力。中耕一般结合田间除草进行，中耕的深度和范围随辣椒植株的生长而逐渐加深和扩大，以不伤根系和疏松土壤为准，一般进行 3～4 次。在封垄之前，结合中耕逐步进行培土，田间形成垄沟，辣椒植株生长在垄上，使根系随之下移，不仅可以防止植株倒伏，还可增强辣椒植株的抗旱能力。辣椒植株封垄前进行一次大中耕，土坨宜大，便于透气爽水，以后只进行除草不再中耕。

（3）整枝打顶 红干椒一般在定植缓苗后及时打去门椒以下所有侧枝，生育后期掐去无效分枝和花蕾，可以减少营养的消耗，显著提高辣椒产量和品质；朝天椒在定植缓苗后、叶龄达 14～20 片时，即可开始打顶，生育后期打掉无效分枝和花蕾。根据辣椒品种和长势确定打顶时间，打顶长度不宜超过 1 厘米，应选择晴天气温较高时进行，以利于伤口愈合，降低病原菌侵染概率。注意打顶后结合浇水每亩追施尿素 5～10 千克，以促进侧枝发育。实践表明，适时打顶，破坏了辣椒自身的顶端优势，调节了辣椒体内的营养转向，有利于辣椒侧枝的萌发生长，并能减少病虫害的发生，增产效果十分明显。

7. 病虫害防治

辣椒病虫害防治应"预防为主，综合防治"，以农业防治为基础，积极应用物理、生物防治方法，采用化学防治方法时要掌握正确的施药方法，减少化学农药用量，执行农药安全使用标准，使辣椒果实中农药残留不超标，确保符合无公害生产技术标准。对于出口加工产品有明确技术要求的，应严格按照相关技术规程进行。

有关病虫害的具体防治措施详见"第七章　病虫害绿色防控技术"。

8. 采收、晾晒

辣椒果实作为鲜辣椒出售的，一般在 8 月底～9 月初成熟果达到 1/4 以上时开始采收，以后视红果数量陆续采收。采收时要摘取整个果实全部变红的辣椒，去除病斑、虫蛀、霉烂和畸形果后出售。

出售干辣椒的，可在霜前 7～10 天将植株连根拔下并摆放在田间。摆放时根朝一个方向，每隔 7～10 天上下翻动 1 次。在田间晾晒 15～20 天后，拉回去码垛。椒垛要选地势高燥、通风向阳的地方，垛底用木杆或作物秸秆垫好，码南北向单排垛，垛高 1.5 米左右，垛间留 0.5 米以上的间隙，每隔 10 天左右翻动 1 次。下雨时用塑料膜或防雨布遮盖，雨停后撤去遮盖物，保证通风。晾晒翻动时不要挤压、践踏，不能用钢叉类利器翻动，以免损伤辣椒果实而造成霉烂。当辣椒逐渐干燥、椒柄可折断、摇动时有种子响动声、对折辣椒有裂纹、果实含水量为 17% 左右时即可进行采收，分级销售。

在采收、包装、运输、销售过程中应注意减少破碎、污染，以保证辣椒品质。

第六章　间作套种高产高效栽培模式

第一节　大蒜-辣椒-玉米间作套种栽培模式

近年来，大蒜套种辣椒间作玉米（彩图3）的三熟高效立体栽培技术在山东省金乡县得到大面积推广，取得了良好的社会和经济效益，现简要介绍如下。

一　茬口安排

大蒜是在10月上旬整地、播种，第二年5月上旬采收蒜薹，5月中下旬采收蒜头；辣椒是在2月底~3月初育苗，4月下旬移栽定植，9月下旬采收完毕；玉米是在6月中旬播种，9月下旬采收，鲜食玉米采收更早，茬口衔接紧凑。

二　栽培技术要点

1. 选择适宜品种

为保证大蒜、朝天椒、玉米这三种作物实现高产，大蒜应选用早熟、优质、丰产、抗逆性强，蒜头、蒜薹产量高的品种，如金蒜三号、金蒜四号、济蒜一号等。辣椒选用早熟性、丰产性、抗逆性较强，品质好且适合本地种植的品种，例如，色素辣椒应选赛金塔、益都红、济宁红等，做订单农业；单生朝天椒则选艳椒425、艳椒465、泰辣816、泰辣819等，辣味浓、价格高，但需要分次采收；簇生朝天椒则选满山红、天问二号、天问五号、高辣天宇等，主要做干制品。玉米选用高产、优质、抗病、增产潜力大的品种，如鲁单818等，为了提高经济效益，也可选择鲜食的优质糯玉米和甜玉米品种。

2. 选配适宜的套种模式

根据蒜椒套种及辣椒玉米间作的群体结构，提前设置套种行，以免辣椒移栽定植时损伤大蒜或大蒜采收时损伤辣椒，根据辣椒、玉米间作模式设计好畦宽，大蒜行距 18~20 厘米，株距 13~15 厘米，每畦宽 4.3 米，畦埂宽 30 厘米。辣椒于 4 月 20 日前后移栽定植，定植密度视品种而定。色素辣椒、分次采收的朝天椒，株型较大，每隔 4 行蒜定植 1 行辣椒，行株距为 76 厘米 ×25 厘米，应单株定植，每亩 3500 株左右；一次性采收的朝天椒，株型紧凑，适于密植，每隔 3 行蒜定植 1 行辣椒，行株距为 57 厘米 ×25 厘米，可每穴 2 株，每亩 4000~5000 穴、8000~10000 株。定植后 3~5 天应及时查看苗情长势情况，发现有缺苗、死苗和病苗等应及时补栽或替换，确保苗全、苗匀、苗壮，打好丰产基础。玉米于 6 月 11 日~6 月 16 日播种于畦埂两侧，株距 15 厘米，双行玉米间距 30 厘米，辣椒行与玉米行间距 50 厘米。

3. 大蒜高产优质栽培技术

（1）大蒜播种

1）选地。选择排灌方便，土层深厚、疏松、肥沃的地块。

2）蒜种的准备及处理。大蒜植株生长对蒜种的依赖性较强，大瓣的种蒜内含营养物质多，播后出苗粗壮，生长速度快，长成的植株高大，蒜薹粗壮，蒜头产量高。因此，蒜种要做到一挑两选。一挑即选择具有该品种特性、肥大、颜色一致、蒜瓣数适中、无虫源、无病斑、无刀伤、无霉烂的蒜头作为蒜种。两选即剥种时，首先进行种瓣选择，剔除茎盘发黄、顶芽受伤、带有病斑、发霉的蒜瓣及过小的蒜瓣，选用蒜瓣肥大、色泽洁白、基部凸起的蒜瓣，单瓣重以 5~7 克为宜。蒜种只要在播种前能剥完，越晚剥越好。剥种过早，蒜种易失水或受潮萌发或损伤，影响其生活力。在播种前，还要再挑选 1 次蒜种，剔除茎盘发黄、带病发霉的蒜瓣。将选好的蒜种在播前晒种 2~3 天，用清水浸泡 1 天，再用 50% 多菌灵可湿性粉剂 500 倍液浸种 1~2 小时，捞出沥干水分后播种。

3）整地、施基肥。蒜套辣椒间作玉米的栽培模式中，大蒜、辣椒两茬作物的共生期为 30 天左右，在辣椒定植时无法整地，故基肥与前茬作物大蒜共施，即一次基肥、两茬利用，要在前茬大蒜播种前施入土壤，每亩施腐熟的优质圈肥 3000~5000 千克、纯氮 16.8~22.3 千克、磷 10.7~

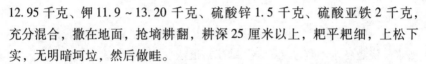

12.95 千克、钾 11.9 ~ 13.20 千克、硫酸锌 1.5 千克、硫酸亚铁 2 千克，充分混合，撒在地面，抢墒耕翻，耕深 25 厘米以上，耙平耙细，上松下实，无明暗坷垃，然后做畦。

4）播种。济宁地区大蒜的适宜播种期为 10 月 7 日 ~ 10 月 20 日。晚熟品种、小瓣蒜、肥力差的地块可适当早播；早熟品种、大瓣蒜、肥沃的土壤可适当晚播。另外，还应注意播种与耕作的间隔时间，以防烧苗，一般间隔时间不要少于 5 天。采用开沟播种法，可用特制的开沟器开沟，深 3 ~ 4 厘米，株距根据播种密度和行距来定。

种子摆放应上齐、下不齐，腹背连线与行向平行，这样可使蒜苗的展开叶与行向垂直，使叶片分布合理，有利于通风透光，受光面积大。蒜瓣一定要尖部向上，严禁倒植，覆土厚 1 ~ 1.5 厘米，栽植过深则出苗迟，根系吸水肥多，秧苗长得旺，受土壤挤压，蒜头难以长大；栽植过浅，种瓣易发生跳蒜，生长期间根际缺水，蒜头易露出地面，受阳光照射后，蒜皮粗糙，组织变硬，颜色变绿，品质降低。播后应及时浇水覆膜。大蒜栽植的最佳密度为 22000 ~ 26000 株/亩。重茬病严重的地块、早熟品种、小瓣蒜、砂壤土可适当密植，晚熟品种、大瓣蒜、重壤土可适当稀植。为便于下茬作物的套种应预留套种行，一般播种行 18 厘米、套种行 25 厘米。随着大蒜播种机的日趋成熟，也可用大蒜播种机播种。

5）应用秸秆生物反应堆技术播种。于前茬作物收获后，在畦内挖沟 25 厘米深，把提前准备好的废弃玉米秸秆填入沟内并整平，填放秸秆的高度与地平面相平。畦两头留部分秸秆露出地面（以利于沟内通气），然后在秸秆上撒施用麦麸拌好的菌种，每亩用菌种 4 千克，然后覆土厚 18 厘米。大蒜采用开沟播种，行距 18 厘米，株距 16 厘米。

6）覆膜放苗。播种后随即浇水，待水下渗后，喷施蒜清二号、乙草胺等化学除草剂，用喷雾器均匀喷洒，做到不漏喷、不复喷，喷后及时覆膜，一般选择厚度为 0.006 ~ 0.008 毫米、宽度为 2 ~ 4 米的聚乙烯地膜，覆膜时要将地膜拉紧、拉平，使其紧贴地面，压紧、压实膜的两侧。蒜苗出土 1/5 ~ 1/3 时，进行放苗。可在清早和傍晚用浸水的麻袋连拉 2 ~ 3 天；不能破膜的，用铁钩人工放苗，破口越小越好。此外，在大蒜生长期间还需经常检查，发现地膜有破损处用土堵严，以提高地膜覆盖效果。

（2）田间管理

1）越冬前管理。小雪节气前后视土壤、苗情、天气情况，浇 1 次越冬水。浇越冬水不宜过晚，避免结冰给植株生长造成伤害。

2）返青期管理。雨水节气前后，种瓣腐烂，植株由自养型完全转变为异养型，气温明显回升，蒜苗开始生长加快，进入返青期。根据天气、土壤含水量及土壤种类，浇返青水 1 次。砂土地浇返青水应适当提早，一般为 2 月底 ~3 月初；壤土地浇返青水的适期为 3 月 15 日左右；黏土地浇返青水应适当延迟，为 3 月 20 日左右。结合浇水追施三元复合肥 15 千克，以促进幼苗生长。

3）抽薹期管理。大蒜于 3 月中下旬进入蒜薹、蒜瓣分化期，至 5 月上旬进入抽薹期，是营养生长与生殖生长的并进阶段，也是蒜薹与蒜瓣的一段共生阶段，这一时期植株生长迅速，地上部的生长量、叶面积达到最大值，根系的生长量也达到最大值。在 3 月下旬 ~4 月初，视气候、土壤墒情、土壤种类，按照先砂土地，其次是壤土地，最后是黏土地的顺序，进行浇水追肥，每亩追施三元复合肥 10 千克，4 月下旬再浇水 1 次，每亩追施尿素 10 千克，保持土壤湿润状态。抽薹前几天停止浇水，以便散发水分有利于抽薹。生长中期是蒜蛆发生期，结合浇水及时灌药防治。

4）蒜薹采收期管理。蒜薹适时采收是高产优质的关键。采收过早不易提出蒜薹，且产量下降；采收过晚，不仅过多地消耗植株的养分，降低了蒜头的产量，而且蒜薹组织老化，纤维增多，降低了质量和食用价值。采收蒜薹，可终止花器官和气生鳞茎的生长发育，对调节大蒜的养分运输，以及对鳞茎的迅速生长、提高蒜头产量有重要作用。

采收蒜薹的适期一般为 5 月 5 日 ~5 月 8 日，当蒜薹长到大秤钩状时，便是采收的最佳时期。采薹宜在中午进行，此时膨压低、韧性强，不易断薹。蒜薹采收有严格的时间性，一旦成熟，应抓紧采收。

5）后期管理。大蒜后期生长的主要特点是养分向鳞茎输送，蒜头长成。采收蒜薹后 15 ~20 天，叶片和根系相继枯黄脱落。采收蒜薹后 8 天进入蒜头迅速膨大盛期。由于根、茎、叶的生长逐渐衰退，植株生长减慢，日平均吸收氮、磷、钾的量明显减少，所以在蒜薹采收后不必再追肥，以免茎叶徒长而使蒜头晚熟，而且不耐贮藏。但要在蒜薹采收后及时浇水，并且应小水勤浇，保持土壤湿润，降低地温，促进蒜头膨大，蒜头采收前 5~7 天停止浇水，防止因土壤太湿而造成蒜头外皮腐烂、散瓣。

6）蒜头采收期管理。当蒜叶色泽开始变为灰绿色，植株上部尚余 4~5 片绿色叶片，假茎变软，外皮干枯，蒜头茎盘周围的须根已部分萎蔫时便可采收。适时采收的蒜头，最外面数层叶鞘失水变薄，在采收时和采收后的晾晒过程中多半脱落，里面 3~4 层叶鞘较厚，紧紧包着蒜头，因此蒜头颜色鲜亮，品质好。如果采收太晚，全部叶鞘变薄干枯，而且茎盘枯朽，则蒜头开裂，采收时易散瓣。如果采收太早，蒜头外面的叶鞘厚、水分多、易发黄，遇阴雨天易发霉，同时由于蒜头未充分成熟，晾晒后失水多，蒜头产量低，商品性差而不耐贮藏。

蒜头适宜采收期为蒜薹采收后 18 天，即 5 月 20 日~5 月 25 日，采收过程中尽量避免刀伤。采收后，注意遮阳晾晒，防止糖化，最好整株晾晒，使植株内的养分充分回流、后熟，防止雨淋、暴晒造成霉烂散瓣。

(3) 大蒜病虫害防治技术 按照"预防为主，综合防治"的原则，优先采用农业防治、生物防治、物理防治，合理使用化学防治，禁止使用国家明令禁止的高毒、高残留农药。

1）农业防治。选用抗病品种或脱毒蒜种。也可以进行异地换种，大蒜新品种安排到高纬度、高海拔地区或栽培条件差异大的地区，经 2~3 年种植可恢复其生活力，具有一定的复壮增产效果。蒜种不应在商品蒜中挑取，而应建立留种田。每一户蒜农根据自己的种植面积设立留种田。播种前晒种 2~3 天，加强栽培管理，深耕土壤，清洁田园。施用的有机肥应充分腐熟，选择适宜的栽植密度，确保水肥合理。留种田的栽植密度、管理方法等应与大田有所区别，除了进行精细的管理外，还要注意以下几点：一是留种田的栽植密度要比生产田的小，以改善营养条件。二是蒜薹露出叶鞘 7~10 厘米时就要及时采收，而且采收时要尽量保护假茎，以利于鳞茎膨大。三是要适当晚收大蒜，使鳞茎充分成熟。

2）物理防治。采用地膜覆盖栽培；利用银灰地膜避蚜；每 2~4 公顷设置 1 盏频振式杀虫灯诱杀害虫；按 1∶1∶3∶0.1 的比例配制糖、醋、水、90% 敌百虫晶体溶液，每亩放置 10~15 盆，以诱杀蒜蛆成虫。

3）生物防治。采用生物农药防治虫害，每亩用苦参碱 BT 乳剂 2~3 千克防治葱蝇幼虫。

4）化学防治。

① 大蒜叶枯病。发病初期喷洒50%抑菌福粉剂700～800倍液或50%扑海因800倍液或50%溶菌灵、70%甲基托布津500倍液，每7～10天喷1次，连喷2～3次。应做到药剂均匀喷雾，交替轮换使用。

② 大蒜灰霉病。发病初期喷洒50%腐霉利可湿性粉剂1000～1500倍液或50%多菌灵可湿性粉剂400～500倍液或25%灰霉病可湿性粉剂1000～1500倍液，每7～10天喷1次，连喷2～3次。应做到药剂均匀喷雾，交替轮换使用。

③ 大蒜病毒病。发病初期喷洒20%病毒A可湿性粉剂500倍液或1.5%植病灵乳剂1000倍液或18%病毒2号粉剂1000～1500倍液，每7～10天喷1次，连喷2～3次。应做到药剂均匀喷雾，交替轮换使用。

④ 大蒜紫斑病。发病初期喷洒70%代森锰锌可湿性粉剂500倍液或30%氧氯化铜悬浮剂600～800倍液，每7～10天喷1次，连喷2～3次。应做到药剂均匀喷雾，交替轮换使用。

⑤ 大蒜疫病。发病初期喷洒40%三乙膦酸铝可湿性粉剂250倍液或72.2%普力克水剂600～1000倍液或64%噁霜灵可湿性粉剂500倍液，每7～10天喷1次，连喷2～3次。应做到药剂均匀喷雾，交替轮换使用。

⑥ 大蒜锈病。发病初期喷洒30%特富灵可湿性粉剂3000倍液或20%三唑酮可湿性粉剂2000倍液，每7～10天喷1次，连喷2～3次。

⑦ 葱蝇。成虫产卵时，用30%邦得乳油1000倍液或2.5%溴氰菊酯3000倍液喷雾或灌根。

⑧ 葱蓟马。用20%啶虫脒1000倍液或2.5%三氟氯氰菊酯乳油3000～4000倍液或40%乐果乳油1500倍液喷雾。

4. 茬口衔接

根据蒜椒套种及辣椒玉米间作的群体结构，提前设置套种行，以免辣椒移栽定植时损伤大蒜或大蒜采收时损伤辣椒。根据辣椒、玉米间作模式设计好做畦宽，做到"一畦三用"。大蒜的套种行距为25厘米，小行距为18厘米，每畦宽4.3米；辣椒于4月20日前后移栽定植；玉米于6月11日～6月16日播种，播种于畦埂两侧，株距15厘米，双行玉米间距30厘米，辣椒行与玉米行间距50厘米。

地膜覆盖能够起到增温保湿的作用，大蒜覆盖地膜有利于安全越冬和春后返青。辣椒定植时，大蒜田地膜完好，地温高于露地，有利于辣椒缓苗；大蒜采收时，尽量减少地膜破损，以免造成水分蒸发、地温降低，影响辣椒的正常生长，也为玉米播种创造良好的土壤墒情。地膜不仅促进了大蒜生长，而且为辣椒、玉米的生长发育提供了保障，起到"一膜三用"的作用。

辣椒套种、间作玉米，都不能够深耕施底肥，所以大蒜的基肥和冲施肥在施用时要充分考虑到蒜椒及玉米3种作物的生长需要。大蒜种植前要深耕施足底肥，特别是不宜追施的肥料，既要满足大蒜的需求，又要满足辣椒、玉米整个生育期的营养需求。4月上旬大蒜的"催薹肥"及4月20日前后大蒜的"催头肥"，也为辣椒、玉米的苗期生长提供了足够的营养元素，为辣椒、玉米高产稳产打下坚实基础，达到"一肥三用"的效果。

大蒜抽薹期是大蒜一生的需水高峰期。4月20日前后的"抽薹水"，既能满足大蒜的水分需求，又利于4月下旬辣椒的定植，提高成活率，促苗早发。也可以先定植辣椒再浇水，达到"一水两用"的目的。玉米播种后，根据辣椒、玉米的生长需要及降雨情况进行浇水。

4月上旬给大蒜浇"壮苗水"时，随水冲施除草剂33%二甲戊灵乳油200毫升/亩，既能减少大蒜田后期的杂草危害，也能有效解决辣椒前期的杂草危害。4月下旬喷施杀菌剂，既能防治大蒜病害，又能预防辣椒苗期病害，达到"一药两用"的目的。

5. 辣椒栽培技术

（1）辣椒育苗 山东省金乡县地区辣椒的最佳育苗期为2月18日~2月28日，采用蒜椒间作，一般在蒜地附近就近采用阳畦或者小拱棚育苗（彩图4）。育苗地点选择地势开阔、背风向阳、干燥、无积水和浸水、靠近水源的地方，苗床土应为肥沃、疏松、富含有机质、保水保肥力强的砂壤土。播种育苗及苗期管理详见"第四章 辣椒的育苗技术"。

（2）辣椒定植 定植应于10厘米地温稳定在15℃左右时及早进行，金乡县地区一般在4月下旬~5月上旬定植。定植方式为6行辣椒＋2行玉米，带宽4.3米。簇生朝天椒每穴2株，穴距25厘米，行距57厘米（隔3行大蒜种1行辣椒），定植密度为每亩8000株左右；普通加工型辣椒每穴1株，穴距25厘米，行距76厘米（隔4行大蒜种1行辣椒），定植密度为每亩3500株左右。详见"第五章 二、辣椒高产栽培技术"的相关内容。

（3）田间管理　田间管理措施可参考"第五章　二、辣椒高产栽培技术"的相关内容。

金乡县及周边地区地处平原，近年来，常因夏季降雨过多而出现内涝。辣椒根系怕涝，忌积水，如果土壤积水，轻者根系吸收能力降低，导致水分失调，叶片黄化脱落，引起落叶、落花和落果，重者根系窒息、植株萎蔫，造成沤根死秧。生产时应注意在雨季来临之前疏通排水沟，使雨水及时排出。进入雨季，浇水要注意天气预报，不可在雨前2～3天浇水，防止浇水后遇大雨。暴晴天骤然降雨或久雨后暴晴，都容易造成土壤中空气减少，引起植株萎蔫。因此，雨后要及时排水，增加土壤通透性，防止根系衰弱。

9月以后，进入辣椒果实成熟期，根系吸收能力下降，可适当喷施叶面肥，及时弥补根系吸收养料的不足。喷施叶面肥的时间应选在上午田间露水已干或16∶00之后，以延长溶液在叶面上的持续时间。喷洒叶面肥时从下向上喷，喷在叶片背面，以利于其吸收，提高施肥效果。

（4）辣椒病虫害防治　病虫害的防治方法参见"第七章　病虫害绿色防控技术"。

（5）采收　色素辣椒和分次采收的朝天椒，待果实充分成熟、全部变红后即可采收，整个生育期一般采收3～4次，秋分前后拔除植株。一次性采收的朝天椒，当红椒占全株总数90％时，拔下整株遮阳晾晒，至8成干时摘下辣椒，分级、晾晒、待售。

6. 夏玉米栽培技术

（1）播种　合理选用符合国家良种标准的高产、优质、抗病、增产潜力大的玉米杂交种。适合金乡县地区的高产品种有鲁单818、鲁单9066等。

播种前要除去霉变、破碎的种子及病粒、杂粒等，将种子分成大、中、小不同等级。选择晴朗天气，将种子薄薄地摊在席上或土场上，连续翻晒2～3天。包衣种不再浸、拌种；对于白籽播前可用农药拌种或微量元素浸种。玉米最适播种时间为6月11日～6月16日，不宜过早，采用点播方式。

定植方式为6行辣椒+2行玉米，带宽4.3米。玉米株距15厘米，双

行玉米间距 30 厘米，辣椒行与玉米行间距 50 厘米，平均每亩 2067 株。

（2）施肥　每生产 100 千克玉米籽粒需纯氮 2.44～2.66 千克、五氧化二磷 1.15～1.17 千克、氧化钾 2.14～2.19 千克。玉米施肥包括施基肥、种肥、追肥等环节。

基肥与前茬大蒜共用。种肥主要施在种子附近，要求严格，一是酸碱度适中，对种子无烧伤、腐蚀作用，不影响种子出苗；二是肥效快，容易被幼苗吸收，一般每亩用硫酸铵 1.0～1.5 千克。追肥要本着"前轻后重"的追肥法，轻施攻秆肥，施肥量为全部磷钾肥和氮肥追肥量的 30%～35%；重施攻穗肥，占追肥量的 65%～70%。或每亩施玉米配方肥 50 千克、攻秆肥 15 千克、攻穗肥 35 千克。

（3）灌溉

1）播种时灌水。当砂土含水量小于 12%、壤土含水量小于 16%、黏土含水量小于 20% 时，需浇水，以确保苗全。

2）拔节水。拔节期灌水不宜大水漫灌，提倡浇暗水以免引起茎秆生长过旺，导致结穗部位提高，抗倒能力降低。一般以土壤水分保持田间最大持水量的 65%～70% 为宜。

3）攻穗水。孕穗期是玉米需水临界期，要及时结合追肥进行灌水，既能防治"卡脖旱"，又可增强叶片光合强度，缩短雌雄穗出现的时间，提高花粉生活力，减少果穗秃尖。一般以土壤水分保持田间持水量的 70%～80% 为宜。

4）抽穗开花水。抽穗开花是玉米一生需水的关键期和临界期，耗水强度大。此时土壤水分应保持田间最大持水量的 80%，不得低于 70%。

5）攻粒水。即灌浆水，玉米授精进入灌浆期后，日耗水强度下降，但因时间长，需水量较大，此期以土壤水分保持田间最大持水量的 70% 为宜。

后期降雨量过多，易造成土壤通气不良，根系缺氧，植株提早枯死，粒重、产量降低。因此，后期遇雨要做好排涝工作。

（4）病虫草害防治　夏玉米常见病害有玉米大小斑病，可在发病初期病叶率达 20% 时用 75% 代森锰锌 500～800 倍液喷洒，或用 50% 多菌灵隔 7～10 天喷 1 次，连喷 2～3 次。

夏玉米常见虫害有蝼蛄、地老虎等地下害虫，以及棉铃虫、蚜虫、玉米螟、黏虫等地上害虫。针对越冬幼虫可利用白僵菌孢子粉，对根茬、秸秆等进行喷粉封垛处理；针对红蜘蛛，可适当增加其天敌食螨瓢虫、中华草蛉的数量，从而减少红蜘蛛的存活量；还可以利用害虫群居性，给一部分害虫注射易感病毒，回归巢穴后可造成大面积害虫感染病毒，从而致死；针对黏虫，在其羽化期可以使用黑光灯与糖醋酒混合液进行诱杀；针对玉米螟，可利用高压汞灯进行诱捕，并在灯下 15 厘米处挖一个深 6 厘米的水坑，加入洗衣粉搅拌，从而杀死螟虫成虫。化学防治可采用敌百虫粉剂、马拉硫磷粉剂、拟除虫菊酯类农药和有机磷复配制剂等来进行。

4 月上旬给大蒜浇"壮苗水"时，随水冲施除草剂 33% 二甲戊灵乳油 200 毫升/亩，既能减少大蒜田后期杂草的危害，也能有效解决辣椒、玉米前期的杂草危害。中后期如果有杂草，可以中耕除草或拔除杂草。

（5）化学调控 玉米是对锌元素敏感的作物。对苗期缺锌的地块，可每亩喷洒 0.2% 的硫酸锌溶液 50 千克，10 天后再喷 1 次。

对于高水肥地的旺长苗，可在玉米 5～7 叶期每亩喷施 15% 多效唑可湿性粉剂 50 克，选晴天下午进行，旱薄地或弱苗一般不应用。

营养型植物生长调节剂的应用是在玉米拔节期、孕穗期，可叶面喷施丰产宝、活力素等生长调节剂。

玉米进入拔节期后，如果长势过旺，可及时喷洒 150 毫克/千克多效唑，以控制旺长。

（6）适时采收 玉米采收以完熟中期为宜，其标志为苞叶松散，乳线消失和黑色层形成。

第二节 小麦-辣椒-玉米间作套种栽培模式

小麦套种辣椒间作玉米（彩图 5）的栽培模式，通过合理调配播期、选用优良品种、催芽播种、提前育苗、高畦栽培、科学配方施肥等措施，达到了改善品质、提高产量、满足市场需求、提高椒农经济效益的目的，为农民致富增收提供帮助。

一 选用良种

以济宁地区为例，小麦选用适宜当地种植的主栽品种如儒麦 1 号、济

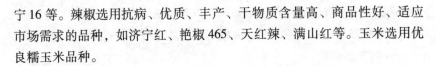

宁 16 等。辣椒选用抗病、优质、丰产、干物质含量高、商品性好、适应市场需求的品种，如济宁红、艳椒 465、天红辣、满山红等。玉米选用优良糯玉米品种。

二　栽培技术要点

1. 小麦施肥与播种

小麦与辣椒套种时栽植比例为 4:2，即 133 厘米的套种带幅内播 5 行小麦，栽植 2 行辣椒。该套种模式的特点是利用小麦与辣椒 1 个多月的共生期，相互间无不利影响。栽植小麦时留有辣椒套种行，将辣椒移栽在高畦上，而且是宽窄行栽植，可充分利用边行效应，通风透光良好，植株生长健壮，所以辣椒产量不受影响，还增加一季小麦的收入。小麦播种时间为 10 月 10 日 ~ 10 月 20 日，播种前每亩需施优质农家肥 4 ~ 5 米³ 或腐熟好的鸡粪 1500 千克或饼肥 400 ~ 500 千克，然后再施磷酸二铵 20 千克、尿素 20 千克、硫酸钾 25 千克。小麦的田间管理同普通小麦高产田管理。

2. 辣椒育苗与定植

辣椒育苗参见"第四章　辣椒的育苗技术"。

地温稳定在 12℃、气温稳定在 15℃ 以上时为辣椒定植适期，一般在 4 月底 ~ 5 月初。定植沟深 6 ~ 8 厘米，穴距根据辣椒品种灵活调整，簇生型朝天椒每穴 2 株，单生朝天椒及大辣椒每穴 1 株，栽后浇水、培土。

3. 小麦适时采收、玉米适时播种

小麦成熟后立即采收，然后播种糯玉米。玉米与辣椒套种时栽植比例 4:1，即在椒苗移栽至大田起好的垄上，每 4 行辣椒间作 1 行玉米，玉米株距 60 ~ 80 厘米，每穴 2 株，每亩栽 540 株。这样既可改变田间小气候，又可防治辣椒日灼病，为辣椒的高产奠定了基础，同时在采收辣椒前可先行采收玉米，增加收入。

4. 辣椒田间管理

定植时浇足缓苗水，定植后 1 个月左右浇第 2 次水并追 1 次肥，伏前浇第 3 次水，以后视生长情况和当年气候情况浇第 4 次水。同时，在辣椒整个生长发育期配合施用氮肥、磷肥、钾肥和微量元素肥。每亩追施尿素 20 千克，初花期追施三元复合肥 25 ~ 30 千克。及时打顶，结合中耕培土进行除草。结果初期结合防病治虫，喷施 0.2% 磷酸二氢钾溶液 2 ~ 3 次。

待大部分果实变红以后停止灌水施肥，以防植株贪青，从而提高红果率。具体内容可参见"第五章　二、辣椒高产栽培技术"的相关内容。

5. 病虫害防治

辣椒病虫害防治的具体内容可参见"第七章　病虫害绿色防控技术"。

6. 适时采收、分级、包装

糯玉米为鲜食玉米，早于干辣椒采收。干辣椒应结合市场行情适时采收，分级、包装销售，以增加收入。在10月中旬连根拔起辣椒整株，或者用镰刀贴根割起来后将根朝下立于通风干燥处，以便继续使果实从秸秆中吸收养分，增加椒皮厚度、红度和光泽度。待辣椒叶片干缩时抖去叶片，将红熟果实与未完全成熟果实分开摘下，置于阴凉通风处晾干后分级出售。

三　其他套作模式

一些地区也采用小麦-辣椒-玉米"3-2-1"间作套种栽培模式，即3行小麦、2行辣椒和1行玉米间作，取得了良好的效果。小麦播种时以畦宽90厘米做畦，留大畦埂，在畦中间种植3行小麦，垄上移栽2行朝天椒，两垄辣椒间作1行玉米。朝天椒应靠垄两边定植，行距30厘米、穴距25厘米，每穴2株，2行最好错开成三角形，以利于通风、透光和生长。玉米以1.8米行距、0.5米株距麦垄点播。

第三节　洋葱-辣椒套作栽培模式

洋葱是我国主要的出口蔬菜品种之一，也是推进农业供给侧结构性改革的优质品种。苏、鲁、豫、皖等产地的洋葱在国内外市场具有强大优势，其种植面积、产业规模近年来持续稳定。然而由于洋葱市场价格波动较大，栽培效益不稳定，农民生产积极性受挫，传统的洋葱套种棉花、玉米等栽培模式效益低，种植户收入难以保障。洋葱套种辣椒栽培模式因具有良好的经济效益，已逐步推广。

一　品种选择

洋葱选择耐抽薹且球形整齐的连葱9号（黄皮中熟）、连葱11号

（紫皮中熟）、连葱 15 号（黄皮早中熟）、连葱 16 号（黄皮早熟）等圆球形的优质高产品种。辣椒选择艳红系列、三樱椒系列、华为系列等红椒品种。

 栽培技术要点

1. 洋葱栽培管理

（1）育苗　对苗床每亩施三元复合肥 50 千克，耙细整平，用 50% 多菌灵可湿性粉剂 500 ~ 800 倍液进行喷雾，以预防苗期病害。播前晒种，9 月 10 日 ~ 9 月 15 日撒播，用种量为 3 ~ 4 克/米^2，覆盖遮阳网以防晒保湿，待苗出土 50% 时，揭去遮阳网。苗龄 45 ~ 50 天，出现 2 叶 1 心或 3 叶 1 心时即可定植。

（2）定植　每亩施三元复合肥 50 千克、有机肥 1000 千克作为基肥。做平畦或高畦，将畦面整平，每亩用 48% 氟乐灵乳油 150 ~ 200 毫升兑水 30 千克进行喷雾，以预防杂草。覆盖地膜，可采用膜下暗灌系统，以利于水肥一体化操作。10 月 25 日 ~ 11 月 5 日定植，行距 15 ~ 18 厘米，株距 13 ~ 15 厘米，每亩定植 2.2 万 ~ 2.4 万株。

（3）定植后管理　浇足定植水，入冬前浇 1 次水以防冻害。开春葱苗返青时随水施肥，以促进植株生长。3 月下旬 ~ 4 月中旬，鳞茎膨大期随水施肥，以促进葱球膨大。及时防治霜霉病、紫斑病及葱蓟马。地上部假茎自然倒伏后 5 ~ 7 天即可采收。

2. 辣椒栽培管理

（1）育苗　一般 2 月中下旬育苗，具体内容可参见"第四章　辣椒的育苗技术"。

（2）定植　4 月中旬，将辣椒苗带基质定植于洋葱行中央，根据洋葱畦面情况按大小行定植，大行行距 80 ~ 100 厘米（行距过窄，不利用洋葱采收操作），小行行距 40 ~ 100 厘米，株距 25 ~ 30 厘米。定植后，每亩施三元复合肥 30 千克，浇透水，既保障了辣椒苗成活，又满足了洋葱鳞茎正常膨大期对水肥的需求。

（3）定植后管理　5 月下旬洋葱采收后，及时清除洋葱枯叶，防止腐烂引发病害。整地除草后，整理膜下暗灌系统，在辣椒定植行间铺黑色地膜，防止杂草再生，同时有利于后期辣椒采收晾晒。结合浇水，每亩施三元复合肥 50 千克，保障开花坐椒期对肥料的需要。洋葱套种辣椒，辣椒病害发生较轻，但也需注意及时防治疫病、炭疽病及蚜虫。

（4）采收 8 月中旬辣椒陆续变红，根据市场行情采收。鲜辣椒行情好时，及时采收，即时销售；如果鲜辣椒价格不好，就于 9 月中旬拔起辣椒植株，放置在行间黑膜上晾晒，一次性采收干辣椒。

第四节　小麦-辣椒-芝麻间作套种栽培模式

河南省加工型辣椒生产基地多为麦垄套种辣椒栽培模式。通过麦椒套种，可以很好地解决粮经争地矛盾，增加单位面积的效益，然而小麦采收后形成了 80 厘米的空当，造成了一定程度的土地闲置。近年来，经过各地实践推广总结，形成"小麦套种辣椒、辣椒间作芝麻（彩图 6）"的一年三熟模式。这种间套种栽培模式不但进一步提高了土地利用率，实现了增产增收，同时还利用了芝麻的适当遮阴，减轻了辣椒日灼病的发生，提升了辣椒品质。现将具体栽培模式和栽培技术要点介绍如下。

一　间作套种栽培模式

10 月上旬播种小麦，行距 20 厘米，播种 3 行小麦，预留 80 厘米的空当，每个播种带幅宽 120 厘米。第二年 4 月上旬对预留空当进行整地并开挖排水沟，4 月下旬~5 月上旬，在预留行沟内定植辣椒。每个预留行栽 2 行辣椒，行距 40 厘米，辣椒距小麦 20 厘米。6 月上旬，小麦采收后形成了 80 厘米的空当，每间隔 4 行辣椒（即每间隔 1 个 80 厘米的空当）播种 1 行芝麻，未播种芝麻的空当用于田间管理，形成 4 行辣椒 1 行芝麻的栽培模式，播种带幅宽 240 厘米。

二　栽培技术要点

1. 小麦

小麦播种时需合理安排带幅宽，播种前整地精耕细耙，整地后达到土块细、碎、匀、平。结合整地施肥，每公顷施入 600 千克的三元复合肥。

选用矮秆早熟小麦品种,如漯麦 4 号、矮抗 58 等。小麦行距 20 厘米,每
3 行小麦预留 80 厘米的空当,带幅宽 120 厘米。每带小麦行数过少或过多
均不适宜,如果少于 3 行,会造成后期芝麻与辣椒间距小于 40 厘米,影
响植株生长;每带小麦行数过多,致使后期芝麻与辣椒间距过大,造成土
地浪费。

2. 选择壮苗,适时移栽定植辣椒

4 月上旬,用微耕机将预留空当旋耕后,开挖排水沟。这样不仅
利于后期辣椒浇水、排水,还可减少采收小麦对辣椒的影响。选用需
要打顶、株高适中的辣椒品种,如三樱 8 号等。如果辣椒品种植株过
高、过大,容易对芝麻造成荫蔽,致使芝麻茎秆发育不好,出现倒伏
现象。4 月下旬~5 月上旬,将辣椒定植到预留行沟内,每个预留行
栽 2 行辣椒,行距 40 厘米,辣椒距小麦 20 厘米。辣椒株距 17~20 厘
米,定植密度为每公顷 8.3 万~9.8 万株。辣椒苗龄以 60~70 天为
宜,选壮苗、大苗、根系发达的苗。先浇水,后带土移栽,保护好辣
椒根部,栽植深度为 5~8 厘米。

3. 辣椒适时打顶

辣椒定植后 5~7 天后浇缓苗水,定植缓苗后 20 天内(有 12~14 片
真叶时)及早打顶,可以增加分枝数,提高结果率,增加产量,保证辣椒
能在 6 月下旬~7 月初封垄。辣椒群体每公顷有 150 万~180 万个分枝,
结果 1500 万~2250 万个。

4. 及早采收小麦

6 月上旬,小麦进入完熟期,应适时早收,为间作芝麻争取时间。可
采用机械采收,利用小型收割机骑跨在套种行间采收,尽量不碾压辣椒。
小麦留茬高度为 25~30 厘米。由于辣椒种在排水沟内,并且留茬高度较
高,小麦采收时收割机对辣椒影响较小。

5. 早播芝麻,确保一播全苗

芝麻品种宜选用漯芝 15 号、漯芝 19 号、漯芝 21 号等单秆型、茎秆
粗壮、抗倒伏、产量潜力大的品种。在小麦采收后形成的 80 厘米空当内
播种芝麻,每间隔 4 行辣椒,即每间隔 1 个空档播种 1 行芝麻,形成 4 行
辣椒 1 行芝麻的栽培模式,播种带幅宽 240 厘米。芝麻应做到麦收后抢时
播种,最迟不能超过 6 月 10 日。播种过晚,芝麻幼苗生长时辣椒已经封

垄，容易受到辣椒的荫蔽而影响自身生长。芝麻播种量为每公顷750克左右，可采用开沟点播。播种时注意避开收割机的秸秆出口行。如果播种行小麦秸秆过多，就将其清理后再播种，否则会造成芝麻出苗不齐或形成高脚苗。播种后根据墒情进行浇水，确保芝麻一播全苗。

6. 做好辣椒间作芝麻共生期的管理

芝麻、辣椒的共生期为3个月左右，期间应加强水肥管理、病虫害的防治，做好芝麻间定苗、辣椒中耕培土、芝麻打顶等工作，确保芝麻、辣椒双丰收。

（1）芝麻及时间苗、定苗 出现第1对真叶时，即"十字架"时期，进行第1次间苗，拔除过密苗，以叶不搭叶为宜；间苗时，发现缺苗，要及时带土移苗补栽。出现3~4片真叶时进行定苗，株距16~20厘米，每公顷留苗2万~2.4万株。

（2）水肥管理 小麦采收以后，给辣椒重施麦后肥，每公顷施尿素110千克、三元复合肥300千克；7月上旬每公顷施三元复合肥450千克，此时芝麻不用施肥。7月中旬以后辣椒不再追肥，然而芝麻此时正值开花结蒴期，是生长最旺盛时期，也是需肥高峰期，应每公顷追施尿素110~150千克。8月底~9月初，芝麻、辣椒处于生长后期，一般选用0.4%磷酸二氢钾进行叶面喷肥2~3次，可以减轻叶部病害，增加产量。除结合施肥进行浇水外，需根据辣椒是否缺水灵活把握浇水。如遇干旱，则小水勤浇，不可中午浇水；如遇大雨，要及时排水，避免田间积水；其余时间一般不浇水。

（3）辣椒中耕培土 辣椒第一棚果出现时进行中耕，中耕宜浅。结合中耕进行培土，将土壤培于植株的根部。

（4）病虫草害防治 由于是间作套种，对病虫草害进行防治时，特别是化学防治应该兼顾两种作物，不能对任何一种作物造成伤害。

1）病害。常见真菌性病害主要有辣椒枯萎病、疫病，芝麻枯萎病、茎点枯病、白粉病等；常见细菌性病害有辣椒疮痂病、软腐病，芝麻细菌性角斑病等；除此之外还有辣椒、芝麻的病毒病。对枯萎病等真菌性病害可选用25%嘧菌酯1000倍液或50%咪酰胺锰盐1500倍液喷洒（每种化学农药限用2次），每次施药间隔期为7~10天。嘧菌酯不能与杀虫剂乳油，尤其是有机磷类乳油混用，也不能与有机硅类增效剂混用，会由于渗透性和展着性过强而引起药害。田间发现零星轻发病株时，及时喷药防治、拔除、销毁重病株。遇连阴雨天气，雨后及时补喷，以预防茎点枯病、枯萎病、叶枯病等多种真菌性病害。对细菌性病害可用72%农用硫酸链霉素4000倍液进行防治；及时防治蚜虫、白粉虱等刺吸式口器害虫，以便切断病毒传播的途径，达到防治病毒病的目的。

2）虫害。芝麻苗期重点防治小地老虎和蟋蟀。及时清除田边、地头杂草；于傍晚前用48%毒死蜱（乐斯本）1000倍液、70%甲基托布津500倍液、20%井冈霉素1500倍液，混合后喷洒芝麻幼苗及周边土壤，兼治苗期病虫害。辣椒、芝麻生长期的主要害虫为棉铃虫、甜菜叶蛾等，可选用20%氯虫苯甲酰胺5000倍液或10.5%甲维·氟铃脲1500倍液喷洒防治。蚜虫发生时，可喷洒10%吡虫啉1500倍液或10%烯啶虫胺2500倍液进行防治。

3）草害。芝麻播种覆土后每公顷可用72%都尔1500～3000毫升或50%乙草胺乳油1500～2250毫升兑水750升，对土表均匀喷雾，进行土壤封闭处理，以防除杂草；芝麻出苗后可使用10.8%高效盖草能乳油750毫升/公顷兑水600千克喷施，进行杂草防除。

（5）芝麻打顶保叶　8月10日～8月15日打顶，保证单株蒴数以120～150个为宜。打顶时，除去芝麻顶端1～3厘米为宜。整个生育期严禁摘叶。

（6）适时采收　9月上中旬，当芝麻下部叶片全部脱落，仅剩上部极少叶片，下部5～6个蒴果开裂时采收。将采收后的芝麻捆成小捆，摆架晾晒，充分晒干后脱粒2～3次即可。9月下旬～10月上旬，辣椒全部果实变红时，将单株砍倒，就地晾晒后摘下即可。

第五节　西瓜-辣椒-玉米间作套种栽培模式

西瓜垄上套种辣椒（彩图7），在不影响西瓜产量的情况下，每亩可收鲜辣椒3000～3500千克。为减少高温、强光造成辣椒病毒病、日灼病的发生，还可在西瓜采收前，每亩稀播高产大穗型玉米，不但可为辣椒遮阴，减轻病毒病的发生，而且又收获了玉米。

1. 茬口安排

西瓜于2月中下旬～3月上旬通过小拱棚育苗，4月中下旬定植，7

月中下旬成熟。辣椒于 2 月下旬~3 月初育苗，4 月下旬定植，8 月底~9月初采收鲜辣椒，9 月中下旬采收干辣椒。玉米于西瓜采收前在西瓜垄间稀播。

2. 品种选择

西瓜应选择适宜当地种植的中早熟品种，并且抗病性强、瓤质脆嫩、不空心、含糖量高、不易裂果、耐贮藏、耐运输，如西农 8 号、京欣 2 号等。辣椒易选择优质抗病的早中熟品种，如艳椒 435、艳椒 465、三鹰椒 8号等。

3. 播种育苗

辣椒于 2 月下旬~3 月初播种育苗，西瓜于 2 月中下旬~3 月上旬播种育苗，宜采用穴盘基质育苗。辣椒宜用 72 孔穴盘，西瓜宜用 50 孔穴盘。

（1）种子处理 播种前剔除秕籽、虫籽等，最好用 55℃温水或 0.1%高锰酸钾溶液浸泡 20 分钟进行消毒灭菌。

（2）催芽 洗净种子表面的黏液，用清水浸泡 4 小时左右，将种子捞出放在托盘上并盖上湿布，于 28~30℃恒温箱内催芽。每天用温水淘洗 1 次，待 5~6 天露白后即可播种。

（3）播种 将催芽后露白的种子按照 1 穴 1 粒的形式播种于浇足底水的装有基质的穴盘中，然后覆盖 1 厘米厚的基质，扎拱覆膜并压实四周。

（4）苗期管理 幼苗出土前以保温、保湿为主。苗床内温度宜保持在 25~30℃，促使幼苗快速出土。幼苗出土后至 1 片真叶出现前，适当通风，以降低床内温度，防止徒长。定植前 7 天左右，逐步揭膜进行炼苗。育苗期间，在温度允许的范围内，尽量延长苗床光照时间，促进幼苗生长健壮。

4. 整地施肥

西瓜连作易产生病害，应隔 3~5 年后再种。定植前 15 天深翻土壤，耕深 25~30 厘米，结合整地每亩施充分腐熟的优质农家肥 2500 千克、三元复合肥 50 千克、硫酸钾 10~15 千克，混匀耙细后起垄做畦。采用宽畦双行对爬式栽培，畦宽 4 米，沟宽 0.5 米。

5. 定植

4 月中下旬为西瓜定植适期。西瓜株行距因品种、留瓜位置和整枝方式不同而异。一般每亩栽植 560 ~ 800 株。在垄面两侧各覆盖 1 米宽的地膜，在距沟 10 厘米处打孔定植。2 行西瓜中间套种 2 行辣椒，辣椒行距 50 厘米、株距 30 厘米左右。选择达到壮苗标准（株高 15 ~ 20 厘米，茎秆粗壮，叶色浓绿，根系发达，有 7 ~ 8 片真叶）的辣椒苗移栽。定植后 5 ~ 7 天，及时查苗补缺。

6. 西瓜、辣椒田间管理

(1) 水肥管理

1）西瓜幼苗期宜少浇水，团棵期浇足催蔓水，伸蔓期适当加大浇水量，坐瓜期控水促坐瓜。伸蔓期、膨瓜期需肥量大，可在伸蔓前后每株施腐熟饼肥 100 ~ 150 克；坐住幼果后，每亩可追施磷酸钾铵 10 千克、尿素 10 千克，共施 2 ~ 3 次；采收前结合病虫害防治喷施 2 ~ 3 次高磷高钾肥溶液，促进果实养分积累，增加甜度，提高品质。

2）辣椒开花前一般不浇水，干旱时浇小水。果实膨大期加大肥水量，每亩可随水追施尿素 5 千克、三元复合肥 10 ~ 15 千克。结合除草及时进行中耕。

(2) 西瓜整枝、压蔓、留瓜

1）整枝。西瓜整枝方法一般有单蔓、双蔓和三蔓整枝等。单蔓整枝每株仅留主蔓，其余侧蔓全部除去；双蔓整枝保留主蔓和主蔓基部 1 条生长健壮的侧蔓，其余侧蔓及早除去，将留下的主侧双蔓引向同一方向。三蔓整枝除保留主蔓外，选留主蔓基部 2 条生长健壮的侧蔓，其余侧蔓除去，将留下的主侧三蔓引向同一方向。在生产中宜采用双蔓或三蔓整枝。整枝时将 2 行西瓜茎蔓向垄面中心捋顺，宜在坐果前进行，坐果后一般不再整枝。

2）压蔓。当西瓜蔓长 35 厘米左右时，应进行整蔓，使其分布均匀，并在节上用土块压蔓，促使产生不定根。以后每隔 5 ~ 6 节压蔓 1 次，直至蔓叶长满畦面为止。宜采用明压法，即只将土块压在节位上，不压节间。为防止碰断脆嫩瓜藤，整枝、压蔓都应在下午进行。

3）留瓜。以主蔓留瓜为主，当主蔓受伤不易坐瓜时可在侧蔓留瓜。一般留第 2 朵或第 3 朵雌花结瓜。早熟品种以第 2 朵雌花留瓜为主，中晚熟品种以第 3 朵雌花留瓜为主。当瓜坐稳后，再从中选留 1 个瓜，幼瓜果皮为绿色，能进行光合作用，不必盖瓜，果实快成熟时，果皮叶绿素逐渐分解，为防止烈日直射引起日灼病，应在果实上盖草或盖叶。待瓜长至1.0~1.5千克时，隔5~6天于下午轻轻转动瓜，使阴面见光，共转动2~3次，可使瓜面受光均匀、色泽一致。

7. 稀播玉米

西瓜采收前在西瓜垄间按行株距100厘米×50厘米稀播大穗、高产型玉米，每2垄西瓜间可播2行玉米，播后浇水，促进玉米出苗。目前很多地方采用玉米每穴2株的播种方式也非常好，易管理且穗大。

8. 病虫害防治

西瓜病虫害主要有霜霉病、枯萎病、炭疽病、蚜虫等；辣椒病虫害主要有病毒病、炭疽病、疫病、蚜虫、烟青虫、白粉虱等。遵循"预防为主，综合防治"的原则，以农业防治为主，化学防治为辅。例如，选用抗性强的优良品种，并做好种子消毒工作；深耕晒土，增施磷、钾肥；及时清除病株、病叶，清洁田园等；采用粘虫板及黑光灯诱虫、杀虫；采用化学防治时应注意使用高效低毒的农药。

9. 采收

西瓜成熟度可以通过算、看、听、测等多种方法判断。

（1）算 西瓜从播种至采收需80~100天，结瓜后早熟种30天、晚熟种40天果实即可成熟。

（2）看 当西瓜脐部和蒂部向内收缩凹陷，瓜柄上的茸毛大部分脱落，瓜节位前一节卷须干枯，瓜皮坚硬、光滑发亮，花纹清晰，果粉褪去时，果实即可成熟。

（3）听 用手指弹瓜，熟瓜发浊音，生瓜则声音清脆。

（4）测 成熟瓜的相对密度为0.90~0.95，放在清水中沉下去者为生瓜，出水面部分过大则为过熟瓜。成熟度适当的瓜，仅少部分浮出水面。采收时注意轻拿轻放，以降低破损率。8月中旬辣椒陆续变红，根据市场行情采收，如鲜辣椒行情好时，及时采收，即时销售。玉米采收以完熟中期为宜。

第七章 病虫害绿色防控技术

第一节 辣椒主要病害发生规律及其综合防治

一 猝倒病

[症状] 猝倒病是辣椒苗期较易发生的病害，多发生在早春苗床或育苗盘上，常见的症状有烂种、死苗和猝倒。烂种是播种后，种子尚未萌发或刚发芽时就遭受病原菌侵染而死亡。猝倒是幼苗出土后，真叶尚未展开前，近地面的幼茎基部出现水渍状黄褐色病斑，绕茎扩展，似水烫状，而后病茎缢缩成线状，幼苗即倒伏（彩图8）；在高湿或连阴雨天气时，病情发展迅速，开始只是个别幼苗表现症状，几天后以病株为中心向四周迅速扩展，造成大片幼苗猝倒；该病发生后，短期内倒伏的幼苗仍保持绿色，湿度大时病苗或其附近会长出白色棉絮状菌丝。

[病原] 主要由瓜果腐霉（*Pythium aphanidermatum*）侵染引起，属鞭毛菌亚门真菌。菌丝体生长茂盛，为白色棉絮状，菌丝无隔、无色。孢囊梗与菌丝无明显区别。孢子囊为丝状或不规则膨大，分枝裂瓣状，大小为（63～72）微米×（4.9～22.6）微米，萌发后形成球形孢囊。藏卵器为球形，壁光滑大多顶生，偶有间生，直径为7～26微米，雄器为袋状至宽棍状，形状多样，同丝生或异丝生，大小为（6～15.4）微米×（7.4～10）微米。卵孢子为球形，壁光滑，直径为10.6～23.7微米。适宜腐霉菌丝生长的最低温度为12℃，最适温度为32～36℃，最高温度40℃。

[发病规律] 病原菌主要以卵孢子随同病残体留在土壤中越冬，可在土壤中存活2～3年甚至以上，在无适宜寄主时，也能在有机质多的土

壤中或病残体上进行腐生生活，并可存活多年，是猝倒病发生的主要侵染源。卵孢子萌发时，先产生芽管，直接侵入幼苗，或芽管顶端膨大后形成孢子囊，以游动孢子借雨水或灌溉水传播到幼苗上，从茎基部侵入，潜育期 1~2 天。湿度大时，病苗上产生的孢子囊和游动孢子进行再侵染。影响该病发生的主要因素是土壤温度、湿度、光照和管理水平。15~20℃的土壤温度最适宜病原菌生长，且繁殖较快，在 30℃ 以上时病原菌生长受到抑制。发病最适宜的土壤温度为 10℃，因为这个时候对幼苗生长不利，抵抗力较差，而病原菌仍能活动。土壤中较低的温度和高的湿度，有利于病原菌的生长繁殖，但不利于幼苗的生长发育。因此，一般夜晚凉爽、白天光照不足、苗床湿度大时，最有利于发病。在早春育苗过程中，往往土壤温度偏低，相对湿度大，加上通风不良等综合因素影响，常会引起猝倒病严重发生。苗床温度过大、浇水过多、土壤温度在 15℃ 以下、阴雨天气多、光照不足、播种过密、间苗移苗不及时都会诱使该病发生或加重。幼苗子叶中的养分已经用完而新根尚未扎实之前，抗病能力最弱，也是幼苗最易感病的时期。

[防治措施]

(1) 加强苗床管理 采用无土育苗或无病土育苗。播种密度不易过大，注意间苗和分苗，苗床要平整，肥料要充分腐熟并撒施均匀，种子要精选、消毒，适当浇足底水，幼苗开始出土后严格控制湿度，尽量不要浇水，必须浇水时一定选择晴天进行，切忌大水漫灌。根据苗情适时适量通风换气，避免低温高湿条件出现，促进幼苗健壮生长。

(2) 苗床消毒 最好选用无病的新土作为床土，如果要用旧床土，必须进行药剂消毒。可用 50% 多菌灵可湿性粉剂或 50% 福美双可湿性粉剂 8~10 克/米^2，加细土拌匀，播种前浇透底水，待水渗下后，将药土的 1/3 撒施于畦面上，将催好芽的种子播于畦面上，再用余下 2/3 的药土覆盖，防病效果达 90% 以上。

(3) 药剂防治 发现少量病苗时，应拔除病株并及时烧毁，甚至病株周围的病土也要清理，然后喷药防治。可选用 75% 百菌清 600 倍液、50% 多菌灵可湿性粉剂 500 倍液、64% 杀毒矾 500 倍液、50% 甲霜灵·锰锌可湿性粉剂 500 倍液、25% 甲霜灵可湿性粉剂 800 倍液或 72.2% 霜霉威水剂 800 倍液喷洒，每隔 5~7 天喷 1 次，连喷 2~3 次。

二　立枯病

[症状]　幼苗出土后即可受害，尤其中后期最为严重。病苗发病初期，最明显的症状是幼苗白天萎蔫，夜间和清晨可恢复。病苗茎基部产生暗褐色的病斑，后病部收缩细缢（彩图9），茎叶萎蔫。当病斑绕茎1圈时，叶片萎蔫不能复原，幼苗逐渐干枯。枯死病苗多立而不倒，湿度大时，在病苗上形成浅褐色蜘蛛网状的菌丝。在苗床中该病扩展较慢，与猝倒病有显著的区别。

[病原]　主要由立枯丝核菌（*Rhizoctonia solani* Kühn）侵染引起，属半知菌亚门真菌。一般情况下该菌不产生孢子，主要以菌丝体传播和繁殖。初生菌丝无色，后为黄褐色，有隔，粗8~12微米，分枝基部缢缩，老菌丝常呈一连串的桶形细胞。菌核近球形或无定形，大小为0.1~0.5毫米，无色或浅褐色至黑褐色；担孢子近圆形，大小为（6~9）微米×（5~7）微米。

[发病规律]　病原菌腐生性强，以菌丝或菌核在土壤中越冬，可在土壤中存活2~3年，所以带菌的土壤和病残体是主要传染源。越冬后恢复活力的菌丝和菌核萌发产生的菌丝都能直接侵入寄主，引起发病。发病后，病部长出气生菌丝，主要通过流水、农具和带菌的有机肥等传播，引起再侵染；还可通过耕作活动、流水、昆虫及病、健苗的相互接触传播。病原菌发育的适宜温度为17~28℃，最高温度为42℃，最低温度为13℃，适宜pH为3~9.5。播种过密、间苗不及时、高温高湿有利于该病发生和蔓延。

[防治措施]

（1）苗床消毒　对苗床或苗土进行消毒，可用50%消菌灵（氯溴异氰尿酸）可溶粉剂1000倍液喷湿床土，用薄膜覆盖4~5天后再除去，经2周左右，待药液充分挥发后播种。也可用50%多菌灵可湿性粉剂8~10克/米² 拌细土1千克，撒施于播种畦内，划锄后再播种。

（2）种子处理　用种子质量0.3%的40%拌种双或50%福美双拌种。

（3）加强苗床管理，注意提高地温　科学放风，防止苗床或育苗盘出现高温高湿。促进幼苗健壮生长，增强抗病性，以抑制病害发生。

（4）药剂防治　早期发现少量病苗时，应及时拔除病株，然后喷药防治，发病初期可选用50%多菌灵可湿性粉剂600倍液、70%甲基硫菌灵可湿性粉剂1000倍液、20%甲基立枯磷乳油1000倍液、15%噁霉灵水剂450倍液、50%立枯净可湿性粉剂1000倍液或5%井冈霉素1500倍液。若同时发生猝倒病和立枯病，可喷洒72.2%霜霉威水剂800倍液+50%福美双可湿性粉剂800倍液，或50%多菌灵可湿性粉剂500倍液+70%代森锰锌600倍液，或70%甲基硫菌灵1000倍液+70%代森锰锌600倍液，或60%多·福可湿性粉剂500倍液，或20%甲基立枯磷乳油1200倍液+25%甲霜灵可湿性粉剂800倍液；还可以选用甲基立枯磷、甲基托布津和多菌灵3种农药中的任何一种，与甲霜灵锰锌、乙磷锰锌、乙磷铝、安克锰锌、毒矾、霜霉威6种农药中的任何一种混合喷雾。在苗期发现其他病害也应及时喷药防治。

三 灰霉病

[症状] 辣椒苗期、成株期均可发病。苗期子叶、幼茎、幼叶均可感病。幼叶发病初期病部呈水浸状，后变褐枯萎，表面常生有灰色霉层，病叶脱落或不脱落。幼茎发病时，病部缢缩变细，表面生有大量灰色霉层，病部扩展至绕茎1圈时病苗折倒。大龄幼苗发病时茎上产生梭形病斑，发展后可绕茎1圈，使幼茎缢缩变细，植株由病部折断。高湿条件下发病部位长出灰色霉层，折断的上端茎叶枯萎、腐烂，这是与猝倒病的主要区别。

成株期主要是叶、花、果实受害。叶片多由叶缘产生"V"字形病斑，也可在叶面上产生近圆形病斑（彩图10）。初期病斑呈水浸状，边缘不清晰，以后变为黄褐色或灰褐色，生有不清晰的轮纹，病叶干枯。茎和枝条上产生天白色至褐色的病斑，可绕茎1圈，由此折断，上部枯死。高湿条件时，叶、枝各发病部位生出灰色霉层。花瓣发病产生黄褐色或褐色斑点，以后整朵花褐变腐烂而枯萎，密生灰色霉层。果实多从果蒂处开始发病，形成不规则形的水浸状大斑，灰白色，表面光滑，果肉腐烂。病部很快扩展到内部或表面产生黑色米粒状病原菌菌核。幼果发病多软腐、脱落。

[病原] 病原为灰葡萄孢（*Botrytis cinerea* Pers. ex Fr.），属半知菌亚门葡萄孢属真菌。该菌在植物发病部位产生大量分生孢子梗和分生孢子，

形成肉眼可见的灰色霉层，因而这种病害被称作"灰霉病"。

[发病规律]　病原菌以菌核遗留在土壤中，或以菌丝、分生孢子在地表和土壤中的病残体上越冬和越夏。种子中间夹杂的菌核与病残体也能传播病害。在温度和湿度适宜的时候，由病残体长出分生孢子和菌丝，接触并侵入辣椒植株，菌核萌发后产生菌丝体侵入植株。植株上的伤口是灰霉病病原菌侵入的主要通道。

分生孢子在田间随气流、雨水、灌溉水传播蔓延，病花落在叶片上或者病花、病叶与健康茎叶接触也能传播病害，田间农事操作也是病害传播的途径之一。

低温、高湿和光照不足是灰霉病大发生的主要环境因素。灰霉病是低温病害，病原菌生长发育和侵染的适宜温度为 20～23℃，最高温度为31℃，最低温度为2℃，温度低于15℃的时间越长、通风不良、密度过大、管理不当、湿度在90%以上、植株抗病性差等条件下发病较重。如遇长期阴雨低温天气，也会造成灰霉病流行。

[防治措施]

(1) 选用抗病品种　选择抗灰霉病的辣椒品种进行栽培。

(2) 种子和苗床消毒灭菌　用55℃温水浸种15分钟，或用0.1%～0.15%的高锰酸钾溶液浸泡15～20分钟后冲洗干净，然后催芽播种；苗床消毒，可用50%福美双可湿性粉剂300倍液或50%扑海因可湿性粉剂800倍液对苗床土壤进行均匀喷雾灭菌。苗床要合理通风和浇水，降低湿度，增强光照，以促进植株健壮生长，提高抗病能力，减少病害的发生。在日常管理中要及时拔除或摘除病苗、病株、病叶或病果，并清出田外，集中烧毁或深埋，以减少再侵染。采收后彻底清除田间病残体，并进行深翻。

(3) 药剂防治　施药应在发病前或发病初期进行。可喷洒50%异菌脲可湿性粉剂1000倍液或50%腐霉利可湿性粉剂1000～1500倍液或50%多菌灵可湿性粉剂500倍液或75%百菌清可湿性粉剂600～800倍液或50%甲基硫菌灵可湿性粉剂1000倍液，每隔7～10天喷1次，连续喷2～3次。几种药剂应交替使用，预防病原菌产生抗药性。

四　疫病

[症状]　辣椒从苗期至成株期的各部位均可发病（彩图11）。苗期主

要在根和茎基部发病（彩图12），病苗茎基部呈暗绿色水浸状病斑，逐渐形成梭形大斑，受害部位缢缩呈褐色，幼苗枯萎死亡或因软腐而倒伏，病情发展迅速。成株叶片发病时产生大块水浸状病斑，大多呈圆形或近圆形，初为暗绿色，后中央变为暗褐色，边缘为黄绿色，迅速扩大使叶片部分或大部分软腐，干燥后病斑变成浅褐色并脱落。茎、枝部发病时产生水浸状病斑，扩展后病斑为长形黑褐色，可绕茎、枝1圈，皮层软化腐烂，使病部以上叶枝迅速凋萎，而且易从病部折断。果实发病一般多从果蒂部开始，病斑为水浸状暗绿色，逐渐向果面扩展，后变为褐色，引起果腐，当湿度大时，病部表面长出白色霉状物，病果脱落或失水变成僵果。

[病原]　病原为辣椒疫霉（*Phytophtora capsici* L.），属鞭毛菌亚门真菌。菌丝为丝状、无隔，孢囊梗无色、丝状，孢子囊顶生、单胞、卵圆形，大小为（28.0~59.0）微米×（24.8~43.5）微米，厚垣孢子为球形、厚壁、单胞、黄色。卵孢子为球形，直径约为30微米，但不多见。

[发病规律]　病原菌以卵孢子、厚垣孢子在土壤或病残体中越冬，是第二年病害的初侵染源，当温湿度适宜时，越冬病菌经雨水或灌溉水传播到根系或接近地表的茎部。病原菌进入维管束后致病十分迅速，几天后叶片、枝杈和果实即可感染发病，病部产生大量的孢子囊，借雨水或流水传播，进行再侵染，使病害迅速扩展蔓延。当气温在25~30℃、空气湿度达85%以上时，极易发病；在7~8月高温多雨、大雨过后天气暴晴的地块，或连阴雨天、易积水的地块，或栽植过密、通气性差及温室保护地栽培的地块均易发生。该病发生迅速，病原菌2~3天就可发生1代，所以疫病是一种发病周期很短、流行速度快的毁灭性病害。

[防治措施]

(1) 科学管理　拔秧后彻底清洁田园，深翻地；改畦栽为起垄栽，选用无病土育苗或对苗床进行消毒；浸种时进行种子消毒，培育适龄无病壮苗；适期早定植，合理密植，加强水肥管理。

(2) 避免连作　实行2~3年轮作，避免与瓜类连作。

(3) 药剂防治　用于防治疫病的药剂种类较多，可根据当地发病规律和防治要求选用合适的药剂与用药时期。在疫病多发区，定植时选用25%甲霜灵、64%杀毒矾或58%甲霜灵锰锌500倍液浸根10分钟，每穴再浇50~100毫升药液。定植返苗后至开花盛期，喷洒1.8%爱多收6000

倍液或植宝素 7000 倍液，以提高植株抗病力。出现中心病株时，应在清除病株后及时全面喷洒 75% 百菌清可湿性粉剂 500 ~ 600 倍液或 64% 杀毒矾 400 ~ 500 倍液或 25% 甲霜灵可湿性粉剂 600 倍液或 58% 甲霜灵锰锌可湿性粉剂 500 倍液或 72% 霜脲·锰锌可湿性粉剂 600 倍液或 50% 甲霜铜可湿性粉剂 600 倍液或 40% 乙磷铝可湿性粉剂 300 倍液等，每隔 7 ~ 10 天喷 1 次，连喷 2 ~ 3 次，也可交替使用上述药剂对地面、茎基部和枝叶进行喷雾。针对温室棚内还可用 45% 百菌清烟剂，每亩每次用 250 ~ 300 克，每隔 7 ~ 10 天用 1 次，连用 2 ~ 3 次。严重发病时，可选用上述药剂喷雾与灌根并举。在夏至后的高温季节，于浇水前每亩撒施 96% 硫酸铜 3 千克，也有较好的防治效果。

五 绵腐病

[症状] 绵腐病是辣椒的一种普通病害，各地均有发生。苗期主要为害近地面的茎基部，初呈暗褐色病斑，后逐渐扩大，稍缢缩腐烂，其上有白色绢丝状的菌丝体长出，最终导致植株死亡。成株期主要是果实受害，引起果腐，在潮湿条件下病部生有大量白色霉层（彩图 13）。

[病原] 病原为瓜果腐霉 [*Pythium aphanidermatum*（Eds.）Fitzp.]，属鞭毛菌亚门真菌。菌落呈放射状，主菌丝宽 6.2 微米，孢子囊为球形或近球形，多间生，个别顶生或侧生，大小为 19 ~ 24 微米。

[发病规律] 病原菌对瓜苗进行初侵染，可诱发猝倒病。由病部产生的孢子囊和游动孢子借助雨水溅射至植株瓜果上发生再侵染，诱发绵腐病，并不断地重复侵染。病原菌对温度适应范围较广，在 10 ~ 30℃ 条件下均能生长发育和为害；高湿度和水是发病的决定因素，相对湿度在 95% 以上、有水层的条件下（孢子囊萌发释放出游动孢子需有水层），病害容易发生。因此该病多发生在雨季阴雨连绵天气，雨后积水、湿气滞留时，发病严重。

[防治措施]

（1）地块选择 要选择地势高燥、排水良好地块栽培。注意栽植密度不要过密，应及早搭架，整枝打杈，中期适度打去植株下部老叶，以降低株间湿度。

（2）合理施肥 避免偏施、过施氮肥，应增施钾肥，雨后及时排水，确保雨后、灌水后地面无积水。

（3）药剂防治　发病初期可选用 25% 甲霜灵可湿性粉剂 800 倍液、64% 杀毒矾可湿性粉剂 500 倍液、40% 乙磷铝可湿性粉剂 300 倍液、58% 甲霜灵锰锌可湿性粉剂 500 倍液、72.2% 霜霉威水剂 600 倍液、72% 霜脲·锰锌可湿性粉剂 500 倍液或 77% 氢氧化铜可湿性微粒粉剂 600 倍液进行喷雾防治。

六　炭疽病

［症状］　该病主要危害辣椒果实（彩图 14），也危害叶片（彩图 15）和果柄，特别是近成熟期的辣椒更易发病。叶片受害，以老叶为多，病初出现褪绿色水浸状斑点，以后扩大为近圆形或不规则形病斑，边缘为褐色或红褐色。后期中央为灰白色，在病斑上产生轮状排列的小黑点，老叶萎蔫。前期叶上病斑易与灰叶斑病症状混淆。在对该病有利的天气条件下，可能发生急性症状，叶片呈烫伤状萎蔫，病叶易干缩脱落。茎部出现梭形、不规则形黑褐色病斑，稍凹陷，干燥时表皮易破裂，有时病部缢缩、易折断。

果实染病后，果面上开始产生黄褐色近圆形或不规则的病斑，继而稍凹陷，中央为灰褐色至黑褐色，病斑上密生黑色小粒点，呈同心轮纹状排列，形成隆起的同心轮纹。病斑大小不一。干燥时，病斑组织变薄，极易破裂；潮湿时病斑表面生有粉红色至浅红色黏稠状物溢出，这是果实炭疽病最重要的诊断特征。随着病情发展，病斑相互汇合，病果大部分腐烂或呈烫伤状皱缩。

［病原］　该病常见的病原为辣椒刺盘孢菌 [*Colletotrichum capsici*（Syd.）Butl.] 及果腐刺盘孢菌 [*C. coccodes*（Wallr.）Hughes] 均属半知菌门真菌。辣椒刺盘孢菌的分生孢子盘上生有暗褐色刚毛，刚毛有隔膜 2~4 个；分生孢子为新月形，无色，单胞，大小为（20~31）微米×（3~6）微米，会诱发黑色炭疽病。果腐刺盘孢刚毛少见，分生孢子顶生，单胞，无色，圆柱形，大小为（19~29）微米×（4~6）微米，会诱发红色炭疽病。

［发病规律］　病原菌以菌丝体潜伏在种皮内，或以分生孢子附着在种子面，或以分生孢子盘及菌丝体随病残体遗留在田间越冬，成为第二年

病害的初侵染源。病原菌多从寄主的伤口或表皮侵入致病，发病后病斑上产生的分生孢子借雨水、昆虫等传播进行再侵染。病原菌发育的适宜温度为 12 ~ 32℃，最适温度为 27℃，空气相对湿度为 95% 左右。棚室种植条件下，由于湿度大、温度高，往往发病较重。遭受日灼伤害、出现各种损伤的果实炭疽病发生严重（彩图 16）。栽植密度大、排水不良，以及施肥不当或氮肥过多，也会加速该病的发生、扩展和蔓延。前茬遗留病残体多和种子带菌率高有利于病害的发生。

[防治措施]

（1）选用抗病和无病种子 要选用抗病品种和无病株留种，以避免种子带菌。

（2）种子消毒 播种前进行浸种消毒处理，可用 55℃温水浸种 15 分钟，然后用次氯酸钙 300 倍液浸种 0.5 ~ 1 小时，或用 0.1% 的硫酸铜浸种 5 分钟。浸种处理完后，将种子冲洗干净，再进行催芽播种。

（3）加强田间管理 合理密植，定植前深翻土地，避免连作，发病严重的地块应与禾本科作物实行 2 ~ 3 年轮作，以减少田间菌源；采用配方施肥技术，多施优质腐熟有机肥，适当增施磷、钾肥，以促使植株生长健壮，提高抗病能力；采用高畦栽培、地膜覆盖；雨季注意开沟排水，并预防果实日灼；适时采收，发现病果及时摘除；果实采收后，清除田间遗留的病果及病残体，集中烧毁或深埋，并进行 1 次深耕，可减少初侵染源，控制病害的流行。

（4）药剂防治 田间发病初期可喷洒 50% 多菌灵可湿性粉剂 600 倍液或 70% 甲基托津可湿性粉剂 600 ~ 800 倍液或 80% 代森锰锌可湿性粉剂 500 倍液或 75% 百菌清可湿性粉剂 800 倍液或 50% 炭疽福美可湿性粉剂 300 ~ 400 倍液或 1:1:200 倍的波尔多液或 25% 咪鲜胺乳油 1000 ~ 1500 倍液，每隔 7 ~ 10 天喷 1 次，共喷 2 ~ 3 次。发病严重时可以混合用药，一般情况下应轮换用药。

七 白粉病

[症状] 该病主要危害辣椒叶片（彩图 17），老叶、嫩叶、茎和果实均可发病。多从植株下部老叶开始发病。发病初期病叶片正面初生褪绿的小黄点，后扩展为边缘不明显的褪绿黄色斑驳；叶片背面出现白色小粉

点，后逐渐扩展成圆形白粉状的病斑。严重时白粉迅速增加且连片，覆满整个叶部，叶片逐渐黄化、发脆，产生离层，逐渐枯萎、脱落，形成光杆。叶柄、茎和果实发病也会产生白粉状霉斑。

[病原]　病原为鞑靼内丝白粉菌 [*Leveillula taurica*（Lev.）Arn.]，是子囊菌亚门白粉菌目的一种真菌。菌丝内外兼生，分生孢子梗散生，由气孔伸出，大小为（112～240）微米×（3.2～6.4）微米，分生孢子为棍棒形或烛焰形，大小为（44.8～72）微米×（9.6～17.6）微米。

[发病规律]　病原菌可由菌丝体随病残体在地面上或土壤中越冬。在发病季节，病部产生的分生孢子可通过气流传播，降落在叶片上，萌发后从叶片的气孔侵入，也可直接穿透叶表皮而侵入。在适宜条件下，该菌潜育期短，很快表现致病症状并产生孢子，以后分生孢子飞散进行再侵染。

病原菌从孢子萌发到侵入约需 20 小时，故该病害发展很快，可短期内大流行。在温度为 20～25℃、湿度为 50%～75% 条件下，该病害易发生和流行。在 15～30℃ 条件下病原菌孢子均可萌发和侵染，主要靠风雨传播。分生孢子萌发，必须有水滴存在，但病害流行年份，在空气湿度低于 25% 的干燥环境中也能萌发、侵染。高温、高湿和高温、干旱交替出现时均利于该病害的发生与流行。

[防治措施]

(1) 选用抗病品种　要选用抗病品种栽培。

(2) 加强田间管理　深耕掩埋病原菌，减少越冬菌源；加强栽培管理，合理密植；注意通风透光，适量浇水，使植株健壮生长，增强抗病性。

(3) 轮作换茬　与其他蔬菜实行 1～2 年轮作。

(4) 药剂防治　可用 4% 农抗 120（抗霉菌素）水剂 400 倍液或 2% 阿司米星（武夷霉素）150 倍液等进行生物防治，在苗期和发病初期喷施的效果很好。还可在发病季节前和发病期进行喷药防治，如选用 15% 三唑酮乳油 1000～1500 倍液、50% 硫黄悬浮剂 500 倍液、30% 氟菌唑可湿性粉剂 1500 倍液、40% 百菌清悬乳剂 800～1000 倍液或 40% 多硫悬乳剂 400～500 倍液，一般需连续用药 3 次，间隔期为 7～10 天，病重时隔 4 天喷 1 次，几种药剂应交替使用。

八　叶枯病

[症状]　该病在辣椒苗期及成株期均可发生，主要危害叶片，有时危害叶柄及茎。叶片发病初呈散生的褐色小点，迅速扩大后成为圆形则形病斑，中间为灰白色，边缘为暗褐色，病斑中央坏死处常脱落、穿孔，病叶易脱落。病害一般由下部向上扩展，病斑越多，落叶越严重。

[病原]　病原为茄匐柄霉（*Stemphylium solani* Weber），属半知菌亚门真菌。菌丝无色，有隔和分枝，分生孢子梗为褐色，有隔，顶端稍膨大，单生或丛生，大小为（130～220）微米×（5～7）微米；分生孢子为褐色，椭圆形，大小为（45～52）微米×（19～23）微米。分生孢子萌发后，可产生次生分生孢子。菌丝生长的适宜温度为4～38℃，最适温度为24℃。

[发病规律]　病原菌以菌丝体或分生孢子随病残体遗落在土壤中或附着在种子上越冬，以分生孢子进行初侵染和再侵染，借气流再传播。6月中下旬为发病高峰期，高温高湿、通风不良、偏施氮肥、植株前期生长过旺、田间积水等条件下易发病。

[防治措施]

(1) 实行轮作　与玉米、花生、棉花、豆类或十字花科作物等实行2年以上轮作；及时清除病残体；培养壮苗，使用腐熟的有机肥配制营养土，育苗过程中注意通风，严格控制苗床的温湿度；加强管理，合理施用氮肥，增施磷、钾肥，定植后注意中耕松土，雨季及时排水。

(2) 种子处理　用50%苯菌灵可湿性粉剂1000倍液＋50%福美双可湿性粉剂600倍液浸种30分钟，再用清水浸种8小时，然后催芽或直播；或用2.5%氟咯菌腈悬浮种衣剂5毫升加水稀释后均匀拌和5千克种子，晾干后播种。

(3) 药剂防治　发病初期可选用68.75%噁唑菌酮·锰锌水分散粒剂800倍液、66.8%丙森·异丙菌胺可湿性粉剂700倍液、56%嘧菌·百菌清悬浮剂800～1200倍液、64%氢铜·福美锌可湿性粉剂600～800倍液、70%丙森·多菌可湿性粉剂600～800倍液、47%春·氧氯化铜可湿性粉剂700倍液或10%苯醚甲环唑水分散粒剂2000倍液＋70%代森联干悬浮剂600倍液，兑水均匀喷雾，视病情隔7～10天喷1次，连喷3～4次。

 **九 褐斑病**

[症状]　褐斑病主要危害甜椒、辣椒叶片。发病时在叶片上形成圆形或近圆形病斑，初为褐色，后渐变为灰褐色，表面稍隆起，边缘有黄色的晕圈，病斑中央有 1 个浅灰色中心，四周为黑褐色，严重时病叶变黄脱落。茎部也可染病，出现类似症状。

[病原]　病原为辣椒尾孢菌（*Cercosporacapsici* Heald. et. Wolf），属半知菌亚门真菌。分生孢子梗为 2～20 根束生，橄榄褐色，尖端色较浅，无分枝，有 1～3 个隔膜，大小为（20～150）微米 ×（3.5～5.0）微米；分生孢子无色，大小为（30～200）微米 ×（2.5～4.0）微米。

[发病规律]　病原菌可在种子上越冬，也可以菌丝体在蔬菜病残体或病叶上越冬，成为第二年的初侵染源。病害常开始发生于苗床中。病原菌生长发育的适宜温度为 20～25℃，高温高湿持续时间长，有利于该病发生和蔓延。

[防治措施]

（1）种子处理　播种前用 55～60℃温水浸种 15 分钟，或用 50% 多菌灵可湿性粉剂 500 倍液浸种 20 分钟后冲洗干净，再催芽播种，也可用种子质量 0.3% 的 50% 多菌灵可湿性粉剂拌种。

（2）药剂防治　发病初期可选用 70% 甲基硫菌灵可湿性粉剂 800 倍液 +70% 代森锰锌可湿性粉剂 600～800 倍液、50% 异菌脲悬浮剂 800～1000 倍液、50% 多·霉威可湿性粉剂 800 倍液 +65% 福美锌可湿性粉剂 600～800 倍液、50% 腐霉利可湿性粉剂 1000 倍液 +75% 百菌清可湿性粉剂 500 倍液、40% 嘧霉胺可湿性粉剂 600 倍液 +80% 代森锌可湿性粉剂 500～700 倍液、25% 咪鲜胺乳油 1000 倍液 +50% 克菌丹可湿性粉剂 400～500 倍液、56% 嘧菌·百菌清悬浮剂 800～1200 倍液或 47% 春雷霉素·氧氯化铜可湿性粉剂 600～800 倍液，兑水均匀喷雾，视病情每隔 7～10 天喷 1 次，连喷 3～4 次。

保护地栽培时，定植前常用硫黄熏蒸消毒，杀死棚内残留病原菌。每100 米³ 空间用硫黄 0.25 千克、锯末 0.5 千克混合后分几堆点燃熏蒸一夜；也可用 45% 百菌清烟雾剂 400～600 克/亩或 15% 腐霉利烟剂 300 克/亩熏一夜。

十 黑斑病

[症状] 一般病果上生有 1 个大病斑，直径为 10～20 毫米。该病以危害果实为主，发病初期形成褪色小斑点，随着扩大逐渐变为浅褐色或黄褐色，形状不规则，中间稍凹陷。潮湿时病部散生密密麻麻的小黑点，严重时连片成黑色霉层。病斑在扩展过程中，常愈合成大坏死斑，使病果干枯。

[病原] 病原菌为细交链孢［*Alternaria alternata*（Fr.）Keissl.］，属半知菌亚门真菌。分生孢子梗单生，或数根束生，暗褐色；分生孢子为倒棒形，褐色或青褐色，3～6 个串生，有纵隔 1～2 个，横隔 3～4 个，横隔处有缢缩现象。

[发病规律] 病原菌以病丝体随病残体在土壤中越冬，条件适宜时危害果实引起发病。病部产生分生孢子借风雨传播，进行再侵染。病原菌多由伤口侵入，果实被阳光灼伤所形成的伤口最易被病原菌利用，成为主要侵入场所。病原菌喜高温、高湿条件，温度在 23～26℃、相对湿度在 80% 以上的条件有利于发病。

[防治措施]

(1) 农业措施 地膜覆盖栽培时密度要适宜；加强水肥管理，促进植株健壮生长；防治其他病虫害，减少日灼果产生，防止黑斑病病原菌借机侵染，及时摘除病果；采收后彻底清除田间病残体并深翻土壤。

(2) 药剂防治 发病初期可选用 68.75% 噁唑菌酮·代森锰锌水分散粒剂 1000～1500 倍液、20% 唑菌胺酯水分散粒剂 1000～2000 倍液 + 75% 百菌清可湿性粉剂 800～1000 倍液或 50% 腐霉利可湿性粉剂 1000 倍液 + 70% 代森锰锌可湿性粉剂 800～1000 倍液进行喷雾防治，视病情每隔 7 天左右喷 1 次，连喷 3～4 次。

十一 白星病

[症状] 该病主要危害辣椒叶片（彩图 18），苗期和成株期均可发病。叶片发病，从下部老熟叶片开始发生，并向上部叶片发展，发病初期产生褪绿色小斑，扩大后成圆形或近圆形，边缘为褐色，稍凸起，病、健部明显，中央为白色或灰白色，散生黑色粒状小点，即病原菌的分生孢子

器。田间湿度低时，病斑易破裂穿孔。发病严重时，常造成叶片干枯脱落，仅剩上部叶片。

[病原]　病原为辣椒叶点霉（*Phyllosticta capsici* Speg.），属半知菌亚门真菌。分生孢子器近球形，直径为97～126微米，黑褐色；器内孢子为椭圆形至卵圆形，单胞，无色，透明，大小为（4～7）微米×（2～3）微米。

[发病规律]　病原菌以分生孢子器随病株残余组织遗留在田间或潜伏在种子上越冬。在环境条件适宜时，分生孢子器吸水后逸出分生孢子，通过雨水飞溅或气流传播至寄主植物上，从寄主叶片表皮直接侵入，引起初次侵染。病原菌先侵染下部叶片，逐渐向上部叶片发展，经潜育出现病斑后，在受害部位产生新生代分生孢子，借风雨传播进行多次再侵染。地块连作、地势低洼、排水不良的地块发病较重。栽植过密、通风透光差、植株生长不健壮的地块发病严重。

[防治措施]

（1）合理轮作　提倡与非茄科蔬菜隔年轮作，以减少田间病原菌来源。

（2）清洁田园　及时摘除病、老叶，采收后清除病残体，带出田外深埋或烧毁，深翻土壤，加速病残体的腐烂分解。

（3）加强管理　合理密植，采用深沟高畦栽培；雨后及时排水，降低地下水位；适当增施磷、钾肥，促进植株健壮，提高植株抗病能力。

（4）药剂防治　在发病初期开始喷药，药剂可选用80%代森锰锌可湿性粉剂800倍液、50%甲基硫菌灵可湿性粉剂800倍液、77%可杀得可湿性粉剂1000倍液或75%百菌清可湿性粉剂600倍液，每隔7～10天喷1次，连续喷2～3次。

十二　虎皮病

[症状]　辣椒虎皮病分为以下4种类型：一是橙黄花斑型，辣椒病果表面有斑驳状橙黄色花斑，有的病斑中含有黑点，有的果实内生有黑灰色霉层。二是黑色霉斑型，辣椒病果面有稍变黄的斑点，其上生有黑色污斑，果实内有时可见黑灰色霉层。三是微红斑型，辣椒病果有褪色斑，斑上稍发红，果实内无霉层。四是一侧变白型，辣椒病果变白部位边缘不明

显，果实内部不变白或稍带黄色、无霉层。

［病原］ 据济宁市农科院王淑霞等进行的室内分离镜检结果显示，橙黄花斑型、黑霉斑型上能分离出炭疽病菌（*Colletotrichum piperatum*），微红斑型上能分离出镰刀菌（*Fusarium* sp.），一侧变白病分离到链格孢菌（*Alternaria alternata*）、青霉菌（*Penicillium* sp.）、镰刀菌（*Fusarium* sp.）等真菌。

［发病规律］ 病原菌以菌丝体潜伏在种皮内，或以分生孢子附着在种子表面，或以分生孢子盘及菌丝体随病残体遗留在田间越冬，成为第二年病害的初侵染源。在辣椒结果期降水多、平畦种植、密度大、氮肥偏多、排水不良的地块发生重。另外，干辣椒晾晒期间遇雨或结露，病害发生也会加重。

［防治措施］

（1）选用抗病品种 要选用抗病品种栽培。

（2）农业措施 实行起垄栽培，避免平畦栽培，合理密植；实行配方施肥，避免偏施氮肥；要小水勤浇，不要大水漫灌，如遇大雨，及时排除田间积水。

（3）及时采收晾晒 及时采收成熟的果实，以减少果实在田间暴露的时间。采收后及时晾晒，有烘干设备的，及时利用烘干设备烘干。

（4）药剂防治 发病初期可选用 25% 咪鲜胺乳油 1000 倍液、25% 嘧菌酯乳剂 1000 倍液、50% 多菌灵可湿性粉剂 800 倍液或 46% 氢氧化铜水分散颗粒剂 500 倍液进行防治。

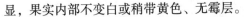

十三 菌核病

［症状］ 辣椒苗期发病是在茎基部呈水渍状病斑，以后病斑变为浅褐色，环绕茎 1 圈，湿度大时病部易腐烂、无臭味，干燥条件下病部呈灰白色，病苗立枯而死。成株期发病主要发生在主茎或侧枝的分叉处，病斑环绕分叉处，表面呈灰白色，从发病分叉处向上的叶片青萎，剥开分叉处，内部往往有鼠粪状的小菌核。果实发病，往往从脐部开始呈水渍状湿腐，逐步向果蒂扩展至整果腐烂，湿度大时果表长出白色菌丝团。

［病原］ 病原为核盘菌［*Sclerotinia sclerotiorum*（Libert）de Bery］，属子囊菌亚门真菌。菌核为球形至豆瓣形或鼠粪状，直径为 1 ~ 10 毫米，

可生子囊盘 1 ~ 20 个，一般 5 ~ 10 个。子囊盘为杯形，展开后为盘形，开张在 0.2 ~ 0.5 厘米之间，盘为浅棕色，内部较深，盘梗长 3.5 ~ 50 毫米。子囊为圆筒形或棍棒状，内含 8 个子囊孢子，大小为（113.87 ~ 155.42）微米 ×（7.7 ~ 13）微米。子囊孢子为椭圆形或梭形，单胞，无色，大小为（8.7 ~ 13.67）微米 ×（4.97 ~ 8.08）微米。菌核由菌丝组成，外层为皮层，内层为细胞结合很紧的拟薄壁组织，中央为菌丝不紧密的疏丝组织。菌核无休眠期，但抗逆能力很强，温度为 18 ~ 22℃、有光照及水足够的湿度条件下，菌核即萌发，产生菌丝体或子囊盘。菌核萌发时先产生小突起，约经 5 天便伸出土面形成子囊盘，开盘经 4 ~ 7 天放射孢子，然后凋萎。

[发病规律]　病原菌主要以菌核在土壤中或混杂在种子中越冬和越夏。在华中地区，菌核萌发 1 年发生 2 次，第一次在 2 ~ 4 月，第二次在 11 ~ 12 月。萌发时产生具有柄的子囊盘，子囊盘初为乳白色小芽，随后逐渐展开呈盘状，颜色由浅褐色变为暗褐色。子囊盘表面为子实层，由子囊和杂生其间的侧丝组成。每个子囊内含有 8 个子囊孢子，子囊孢子成熟后，从子囊顶端逸出，借气流传播，先侵染衰老叶片和残留在花器上或落在叶片上的花瓣后，再进一步侵染健壮的叶片和茎。病部产生的白色菌丝体，通过接触进行再侵染。发病后期在菌丝部位形成菌核。

[防治措施]

（1）种子处理　用种子质量 0.4% ~ 0.5% 的 50% 多菌灵可湿性粉剂或 50% 扑海因可湿性粉剂或 60% 防霉宝超微粉拌种后播种，消除混在种子中的菌核。

（2）轮作　与禾本科作物实行 3 ~ 5 年轮作；及时深翻，覆盖地膜，防止菌核萌发出土；对已出土的子囊盘要及时铲除，严防蔓延。

（3）药剂防治　发病初期可选用 70% 甲基托布津可湿性粉剂 1000 ~ 2000 倍液、50% 速克灵可湿性粉剂 2000 倍液、40% 菌核净可湿性粉剂 1000 ~ 1500 倍液或 30% 菌核利可湿性粉剂 1000 倍液进行防治，每隔 10 天喷 1 次，共喷 2 ~ 3 次。

十四　根腐病

[症状]　主要危害辣椒茎基部（彩图 19）及维管束。发病初期，病

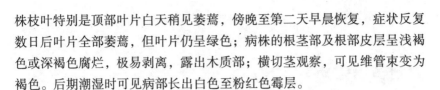

株枝叶特别是顶部叶片白天稍见萎蔫，傍晚至第二天早晨恢复，症状反复数日后叶片全部萎蔫，但叶片仍呈绿色；病株的根茎部及根部皮层呈浅褐色或深褐色腐烂，极易剥离，露出木质部；横切茎观察，可见维管束变为褐色。后期潮湿时可见病部长出白色至粉红色霉层。

[病原] 该病常见的病原为蚀脉镰孢（*Fusarium vasinfectum* Atk.）、木贼镰孢［*Fusarium eguiseti*（Corda）Sacc.］、串珠镰孢（*Fusarium Moniliforme* Sheld.）和尖镰孢（*Fusarium Oxysporum* Schlecht.），均属半知菌亚门真菌。蚀脉镰孢的分生孢子座为平展状，鲜色；分生孢子梗束生，顶端分枝；大型分生孢子为镰刀形、无色，小型分生孢子为卵形。木贼镰孢的菌丝为白色或浅蓝色至黄褐色，大型分生孢子为窄镰刀状至抛物线弯曲；近披针形，壁薄，具有带梗的脚胞和尖的顶端细胞，生在黏孢团及分生孢子座上，多5个隔膜；厚垣孢子为球形，间生、单生，或成对、成串、成结节，偶尔顶生，壁光滑或粗糙。串珠镰孢中大型分生孢子稀少，有3～5个分隔，向尖端弯曲，大小为（2.4～4.9）微米×（15～60）微米；小型分生孢子有很多，呈链状或假头状产生于菌丝的分枝上，大小为（2～3）微米×（5～12）微米。尖镰孢的分生孢子梗丛生，呈帚状分枝，分枝顶端生有轮状排列的瓶状小梗，其上着生分生孢子。大型分生孢子为镰刀形，无色，有3～5个隔膜，3个隔膜的居多，大小为（19～50）微米×（2.5～5）微米；小型分生孢子为卵形至肾形，单胞或双胞，无色，大小为（5～26）微米×（2～4.5）微米。病原菌可产生厚垣孢子，顶生或间生，球形，壁厚，直径为5～15微米。

[发病规律] 病原菌以厚垣孢子、菌核或菌丝体在土壤中越冬，成为第二年的主要初侵染源。病原菌从根茎部或根部伤口侵入，通过雨水或灌溉水进行传播和蔓延。地势低洼、排水不良、田间积水、连作及棚内滴水或漏水、植株根部受伤的地块发病严重。多雨的年份田间发病严重。

[防治措施]

（1）轮作 可与大白菜、甘蓝、大蒜、大葱等蔬菜作物实行3～5年的轮作倒茬。

（2）栽培管理 采取起垄栽培，使用充分腐熟的有机肥，如果在田间发现中心病株，应立即拔除。

（3）药剂防治 田间出现中心病株时马上浇灌5%丙烯酸·噁霉·甲

霜水剂 600 倍液或 68% 精甲霜·锰锌水分散粒剂 600 倍液或 40% 多·硫悬浮剂 500 倍液或 35% 福·甲可湿性粉剂 800 倍液。

十五 枯萎病

［症状］　辣椒枯萎病发生时，叶片自下而上逐渐变黄、大量脱落。与地面接触的茎基部皮层呈水浸状腐烂，地上部茎叶迅速凋萎。有时病情只在茎的一侧发展，形成条状坏死区，后期全株枯死。地下根系呈水浸状腐烂，皮层极易剥落，纵剖茎基部，可见维管束变为褐色。在湿度大的条件下，病部常产生白色或蓝绿色的霉状物。

［病原］　病原为尖镰孢菌辣椒专化型 ［*Fusarium oxysporum* f. *sp. vasinfectum* (Atk.) Synder et Hansen］，属半知菌亚门真菌。菌落直径在 40~45 毫米范围内，菌丝为棉絮状，呈白色至浅紫色，因菌株不同而有所差异。小型分生孢子数量多，呈椭圆形或肾形，大小为 (9.0~22.5) 微米 × (2.0~3.6) 微米；大型分生孢子呈镰刀形或纺锤形，两端逐渐弯曲而变尖，有足胞，一般有 1~6 个隔，多为 3 个隔，大小为 (17.5~33.5) 微米 × (2.1~3.5) 微米。

［发病规律］　病原菌以菌丝体和厚垣孢子随病残体在土壤中越冬，或进行较长时间的腐生生活。通过灌溉水传播，从茎基部或根部的伤口、根毛侵入，进入维管束繁殖、蔓延，并产生有毒物质随输导组织扩散，毒化寄主细胞或堵塞导管，致使叶片枯萎。土壤偏酸 (pH 为 5~5.6)、种植地连作、移栽或中耕伤根多、植样生长不良、田间积水、偏施氮肥的地块发病严重。病原菌发育的适宜温度为 24~28℃，最高 37℃，最低 17℃。在适宜条件下，发病后 15 天即有死株出现，潮湿，特别是雨后积水条件下发病严重。

［防治措施］

（1）地块选择　选择排水良好的壤土或砂壤土地块栽培，不要选择地势低洼的地块；避免大水漫灌，雨后及时排水。

（2）加强栽培管理　进行保护地栽培时，可在夏季高温季节利用太阳能进行高温土壤消毒，起垄、灌满水后将全垄铺上地膜，密闭棚室，使地温升高，保持地表以下 20 厘米处温度在 45℃ 以上且达 20 天。该方法还可杀死土壤中的其他病原菌及害虫。

（3）药剂防治 发病初期选用80%多菌灵可湿性粉剂800倍液、70%甲基硫菌灵可湿性粉剂600倍液、3%噁霉·甲霜水剂600倍液、40%多·硫悬浮剂500倍液、50%福美双可湿性粉剂600倍液或14%络氨铜水剂300倍液灌根，每株灌药液0.2～0.3升，视病情连续灌2～3次；也可用3%农抗120水剂100～200倍液淋茎灌根。

十六 青枯病

[症状] 青枯病是辣椒典型的维管束细菌性病害，病株多在坐果初期发病。病株顶部个别枝条叶片萎蔫下垂。随后下部叶片凋萎，最后中部叶片凋萎。发病初期植株中午萎蔫，早晚还可恢复，病情加重后全株枯萎，幼叶迅速脱落，出现顶枯或枝枯。2～3天后枯死，但植株仍为青色，病茎上常出现水浸状褐色条斑。纵剖茎部，可见维管束变为黄色或褐色。严重时将横切面投入清水中，可有乳白色黏液溢出，此特征是与枯萎病的主要区别。

[病原] 病原为青枯假单胞菌 [*Pseudomanas solanacearum*（Smith）Smith]，属细菌。菌体为短杆状，两端圆，单生或双生，极生鞭毛1～3根，革兰染色阴性。

[发病规律] 病原菌喜高温高湿环境，在10～41℃下生存，一般从气温达到20℃时开始发病，地温超过25℃时发病严重。在高温高湿、重茬连作、低洼土黏、田间积水、土壤偏酸、偏施氮肥等情况下，该病容易发生。

病原菌可以同病残体一同进入土壤中越冬，也可通过发病植株或某种杂草的根际进行繁殖。生存在土壤中的病原菌主要是由移植、松土等农事操作造成的伤口或者是由线虫、蓝光丽金龟幼虫等根部害虫造成的伤口侵染植株，有时也会由无伤口的细根侵入植株内导致发病。

[防治措施]

（1）选用抗病品种 要选用抗病品种栽培。

（2）加强栽培管理 提早播种，培育壮苗，避免发病高峰期与结果盛期相遇；选择排水良好的砂壤土栽培，做好土壤消毒，保温保墒；实行与非茄科作物3年以上轮作，改良土壤；采用高垄栽培，配套田间沟系，及时排水，降低田间湿度；增施磷、钙、钾肥，促进植株生长健壮，以提高抗病能力；整枝、松土、追肥等工作，应在发病期前完成，发病以后，不能松土锄草，可用手拔除，以免伤根；发现病株，及时拔除，防止病害蔓延。

（3）药剂防治　每亩施熟石灰粉 100 千克，使土壤呈中性或微酸性，能有效抑制该病的发生。在发病初期施药，可选用 77% 可杀得可湿性粉剂 500 倍液、20% 噻菌铜 500 ~ 700 倍液、50% 代森锌可湿性粉剂 1000 倍液或 50% 琥胶肥酸铜可湿性粉剂 500 倍液灌根，每株灌药液 0.5 升，每 10 天灌 1 次，连灌 3 ~ 4 次。

十七　细菌性叶斑病

［症状］　主要危害辣椒叶片，发病初期呈黄绿色不规则的水浸状小斑点，扩大后变为红褐色或深褐色至铁锈色，病斑膜质，大小不等。干燥时，病斑多呈红褐色。该病扩展速度很快，同一株上个别叶片或多数叶片发病（彩图 20），植株仍可生长，严重时叶片大部分脱落。病健交界处明显，但不隆起，区别于疮痂病。

［病原］　病原为丁香假单胞杆菌适合致病型（*Pseudomonas syringae* pv. *aptata* Young. Dye&wilkie），属细菌。菌体为短杆状，两端钝圆，大小为（0.8 ~ 2.3）微米 ×（0.5 ~ 0.6）微米，有 1 ~ 3 根极生或双极生鞭毛。病原菌发育的适宜温度为 25 ~ 28℃，最高 35℃，最低 5℃。温湿度适合时，病株大批出现并迅速蔓延，很难找到病株，是非连续性危害。

［发病规律］　病原菌借风雨或灌溉水传播，从叶片伤口处侵入。与甜（辣）椒、甜菜、白菜等十字花科蔬菜连作的地块发病严重，雨后易见该病扩展。在东北及华北地区，该病通常于 6 月始发，7 ~ 8 月高温多雨季节蔓延快，9 月后气温降低时扩展缓慢或停止。

［防治措施］

（1）轮作　与非甜（辣）椒、白菜等十字花科蔬菜实行 2 ~ 3 年轮作；平整土地，北方宜采用垄作，南方宜采用深沟高厢栽培；雨后及时排水，防止积水，避免大水漫灌。

（2）种子消毒　播前用种子质量 0.3% 的 50% 琥胶肥酸铜可湿性粉剂或 50% 敌克松可湿性粉剂拌种。

（3）药剂防治　发病初期开始喷洒 50% 琥胶肥酸铜可湿性粉剂 500

倍液或 14% 络氨铜水剂 300 倍液或 77% 氢氧化铜可湿性微粒粉剂 400 ~ 500 倍液或 1∶1∶200 的波尔多液，每隔 7 ~ 10 天喷 1 次、连续喷 2 ~ 3 次。

十八 疮痂病

[症状] 疮痂病又名细菌性斑点病，主要危害辣椒叶片、茎蔓、果实（彩图 21）。叶片发病后初期出现许多圆形或不规则形黑绿色至黄褐色斑点，有时出现轮纹，叶片背面稍隆起，呈水泡状，正面稍有内凹；茎部发病后病斑呈不规则的条斑或斑块；果实发病后出现圆形或长圆形墨绿色病斑，直径为 0.5 厘米左右，边缘略隆起，表面粗糙，引起烂果。

[病原] 病原为野油菜黄单胞辣椒斑点病致病型（*Xanthomonas campestris* pv. *Vesicatoria*），属细菌。菌体为杆状，两端钝圆，大小为 1.0 ~ 1.5 毫米，有极生单鞭毛，能游动。菌体排列成链状，有荚膜，革兰染色阴性，好氧菌。病原菌发育的适宜温度为 27 ~ 30℃，最高 40℃，59℃ 10 分钟即可死亡。

[发病规律] 病原菌主要在种子表面越冬，也可随病残体在田间越冬。植株旺长期易发生。病原菌从叶片上的气孔侵入，潜育期 3 ~ 5 天；在潮湿情况下，病斑上产生的灰白色菌脓借雨水飞溅及昆虫进行近距离传播。高温高湿条件时病害发生严重，多发生于 7 ~ 8 月，尤其在暴风雨过后，容易形成发病高峰。高湿持续时间长、叶面结露有利于该病的发生和流行。

[防治措施]

(1) 合理轮作 露地辣椒栽培可与葱蒜类、水稻或大豆实行 2 ~ 3 年轮作；应选用排水良好的砂壤土，移栽前浇足底水、施足底肥，并对地表喷施添加了新高脂膜的消毒药剂对土壤进行消毒处理。

(2) 种子处理和苗期管理 播种前可用添加了新高脂膜的 55℃ 温水浸种 15 分钟后移入冷水中冷却，催芽后播种；加强苗期管理，适期定植，促早发根，合理密植；移栽后应喷施新高脂膜，以便在苗期自动形成一层高分子保护膜，优化幼苗吸水、透气、透光质量，缩短缓苗期，使植株苗壮成长。

(3) 药剂防治 发病初期可选用 47% 加瑞农可湿性粉剂 600 倍液、60% 琥珀酸乙膦铝可湿性粉剂 500 倍液、新植霉素 4000 ~ 5000 倍液或

14%络氨铜水剂300倍液，每隔7～10天喷1次，共喷2～3次。

十九 软腐病

[症状]　主要危害辣椒果实（彩图22）。病果初生水浸状暗绿色斑，后变褐软腐，具有恶臭味，内部果肉腐烂，果皮变白，整个果实失水后干缩，挂在枝蔓上，稍遇外力即脱落。

[病原]　病原为胡萝卜软腐欧氏菌胡萝卜软腐致病型［*Erwinia carotovora* subsp. *Carotovora*（Jones）Bergey et al.（*Erwinia aroideae*（Towns.）Holland）］，属细菌。其发育的最适温度为25～30℃，最高40℃，最低2℃，温度为50℃经10分钟便可致死，适宜pH为5.3～9.3，最适pH为7.3。除侵染茄科蔬菜外，还可侵染十字花科蔬菜及葱类、芹菜、胡萝卜、莴苣等。

[发病规律]　病原菌随病残体在土壤中越冬，成为第二年的初侵染源，通过灌溉水或雨水飞溅从植株伤口侵入，又可通过棉铃虫、烟青虫及风雨传播。田间低洼易涝、钻蛀性害虫多或连阴雨天气多、湿度大时易流行。

[防治措施]

(1) 轮作　与非茄科及十字花科蔬菜实行2年以上轮作；辣椒采收后及时清洁田园，尤其要把病果清除带出田外烧毁或深埋。

(2) 加强管理　培育壮苗，适时定植，合理密植；雨季及时排水，尤其下水处不要积水；保护地栽培要加强放风，防止棚内湿度过高。

(3) 防治害虫　及时喷洒杀虫剂来防治棉铃虫、烟青虫等蛀果害虫，防止害虫在果实上造成伤口，引发病害。

(4) 药剂防治　发病初期及时用药，可选用90%新植霉4000倍液、50%琥珀酸铜可湿性粉剂500倍液、47%加瑞农可湿性粉剂600倍液或77%氢氧化钠铜可湿性粉剂500倍液进行喷雾防治。

二十 病毒病

[症状]　辣椒被病毒病危害时可表现出多种症状（彩图23），常见的有以下5种。

(1) 轻花叶型　发病初期叶脉轻微褪绿，并有深浅相间的花叶斑纹，

植株没有明显的矮化，不落叶，也无畸形叶片或果实。

（2）重花叶型 病叶除表现轻花叶型症状外，叶脉皱缩、不平，生长缓慢，植株矮化，辣椒果实瘦小并出现深浅不均的斑纹。

（3）叶片黄化型 病株叶面明显变黄，叶片枯死并有落叶现象。

（4）坏死型 植株病部部分组织变褐坏死，表现为发病叶面出现坏死条斑，病茎部出现坏死条斑或环斑。发病严重时，引起大量落叶、落花、落果，甚至造成植株枯死。

（5）畸形型 病株在叶片上表现为新生叶片明脉、叶色深浅相间，后叶片细长呈线状、增厚，植株明显矮化，分枝增多，产生丛枝。发病严重时，植株变形。

田间的病株以表现花叶、畸形和生长点坏死为多，同一植株可能出现多种症状并发，造成植株落叶、落花、落果，甚至枯死。不同的病毒种类引起的症状略有区别，但都会严重危害辣椒的花、叶、果、茎，对辣椒产量和品质造成很大影响。

［病原］ 在我国可引起辣椒病毒病的病毒有黄瓜花叶病毒、烟草花叶病毒、马铃薯 X 病毒、马铃薯 Y 病毒、蚕豆萎蔫病毒、苜蓿花叶病毒、烟草蚀纹病毒、烟草脆裂病毒。黄瓜花叶病毒和烟草花叶病毒检出率最高，盛发期黄瓜花叶病毒占 50%～80%，烟草花叶病毒占 10%～30%，所以黄瓜花叶病毒和烟草花叶病毒是我国辣椒生产上的主导病毒源，占 80%以上。

［发病规律］ 高温、干旱、光照过强等气候条件下，辣椒抗病性下降，易引起病毒病的发生，这种不利的条件又有利于蚜虫的发生、繁殖，而蚜虫是传播病毒病的主要途径之一，所以在这些不利的条件下更容易导致病毒病的发生和迅速蔓延。辣椒植株生长不良、植株矮小、定植晚、栽培土质不良、土地低洼等，均易发生病毒病，与茄科蔬菜连作也易发生病毒病。一般甜椒品种易发生，辣味的尖椒品种抗病性相对较强。病毒病主要靠昆虫传播，其次是接触传播，如农事操作的工具和人员均可传播。辣椒的种皮中也能携带病毒。

［防治措施］ 病毒病发生后不易防治，所以应采用农业综合防治措施来预防或减轻病毒病的危害。

（1）选用抗病或耐病品种 要选用抗病或耐病品种栽培。

（2）**实行轮作** 提倡与非茄科蔬菜进行 2～3 年轮作。

（3）**种子消毒** 先将种子用清水浸泡 2～3 小时，再用 10% 磷酸三钠溶液浸泡 20～30 分钟，或用 1% 高锰酸钾溶液浸泡 30 分钟，用清水淘洗干净，然后催芽、播种。

（4）**培育无病适龄壮苗** 在温室大棚内育苗，提倡营养钵育苗。适期播种，选 2 年以上未种过茄果类蔬菜的育苗床，或采用大田净土作为苗床土，有条件的可进行无土育苗。分苗和定植前，分别喷洒 1 次 0.1%～0.3% 硫酸锌溶液，防治病毒病。育苗要注意防蚜，尤其是越冬辣椒，育苗时正值高温季节，蚜虫活动频繁，宜采取防蚜育苗方法育苗。常用方法有两种，一是用白色尼龙网纱覆盖育苗，即苗畦播种后、出苗前，用 30 目（孔径约为 600 微米）白色尼龙网纱覆盖，防止蚜虫飞进苗畦传染病毒病；二是用银灰色塑料薄膜避蚜育苗，即利用蚜虫对银灰色的负趋性，在育苗畦畦埂上铺银灰色塑料薄膜，在畦面上方 30～50 厘米处纵横拉上几道宽 2 厘米的银灰色塑料薄膜条，条与条之间相距 10 厘米，可防止蚜虫传播病毒。

（5）**加强栽培管理** 健康栽培和防治病虫害，是预防或减轻病毒病发生的主要环节。高温干旱时适时浇水以降低地温，雨后及时排水，防止地面积水，有效保护根系，增施底肥，施用定植肥，以促使植株旺盛生长，定植后加强水肥管理，使植株健康生长，都可减轻发病。发病后，要及时采取综合防治措施。

（6）**药剂防治** 整个栽培过程中要及时防治蚜虫，杀灭传毒昆虫，以减少病毒病的发生与蔓延。每亩用 10% 吡虫啉可湿性粉剂 40 克加水 50 千克，或 10% 高效氯氰菊酯 6000 倍液进行喷雾，这是防治病毒病的首要措施。防止病毒病发展，可喷洒 20% 病毒 A 可湿性粉剂 700 倍液或 5% 菌毒清水剂 300 倍液或 30% 病毒立克 800 倍液或 1.5% 植病灵乳剂 800 倍液，以上药剂应轮流交替使用，每隔 7～10 天喷 1 次，连喷 3～4 次。发病严重的地块可加喷 2 次 1.8% 爱多收水剂 6000 倍液，前后相隔 10～15 天。此外，结合喷施含磷、钾、锌的叶面肥，增强植株自身的抗病能力既能防病又能增产。

二十一 根结线虫病

［症状］ 危害辣椒根部，被害的须根和侧根形成串珠状瘤状物，使

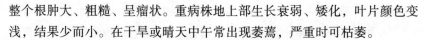

整个根肿大、粗糙、呈瘤状。重病株地上部生长衰弱、矮化，叶片颜色变浅，结果少而小。在干旱或晴天中午常出现萎蔫，严重时可枯萎。

[病原] 病原主要是南方根结线虫（*Meloidogyne incogntta* var. acrlta Chitwood），属线虫门、侧尾腺口纲、侧尾腺口亚纲、垫刃目、垫刃亚目、异皮总科、异皮线虫科、根结线虫属植物寄生线虫。该线虫雌雄异体，幼虫呈细长蠕虫状。雄成虫呈线状，尾端稍圆，无色透明，大小为（1.0~1.5）毫米×（0.03~0.04）毫米；雌成虫呈梨形，多藏于寄主组织内，大小为（0.44~1.59）毫米×（0.26~0.81）毫米，每头雌线虫可产卵300~800粒。

[发病规律] 南方根结线虫多在土壤层5~7厘米处生存，常以卵或2龄幼虫随病残体遗留在土壤中越冬，病土、病苗及灌溉水是主要传播途径。一般可存活1~3年，第二年春季条件适宜时，由藏在寄主根内的雌虫产出单细胞的卵，经几小时形成1龄幼虫，脱皮后孵出2龄幼虫，离开卵块的2龄幼虫在土壤中移动寻找根尖，由根冠上方侵入并定居在生长锥内，其分泌物刺激导管细胞膨胀，使根形成巨型细胞或虫瘿（或称根结）。在生长季节，南方根结线虫的几个世代以对数增殖，发育到4龄时交尾产卵，卵在根结里孵化发育，2龄后离开卵块，进入土壤中进行再侵染或越冬。在温室或塑料棚中单一种植辣椒几年后，会导致寄主植物抗性衰退，根结线虫便逐步成为优势种。

南方根结线虫生存的最适温度为25~30℃，高于40℃或低于5℃都很少活动，55℃经10分钟可致死。田间土壤湿度是影响其孵化和繁殖的重要条件。土壤湿度适合蔬菜生长，也适于根结线虫活动；雨季有利于根结线虫孵化和侵染，但在干燥或过湿土壤中，其活动受到抑制。南方根结线虫的危害，砂土壤常较黏土壤重，适宜土壤pH为4~8，适宜土壤含水量为40%。

[防治措施]

（1）培育无病壮苗 将大田土或没有病虫的土壤与不带病残体的腐熟有机肥以6:4的比例混匀后配制成营养土，每立方米营养土加入1.8%阿维菌素乳油100毫升，用于育苗。

（2）加强栽培管理 及时清除病残根，增施有机肥，合理灌溉，促进新根生长，增强植株抗病能力。

（3）药剂防治　用1.8%阿维菌素乳油0.6千克/亩加水后喷施于穴内，或用10%噻唑膦1.5千克/亩或用含2亿个活孢子/克的淡紫拟青霉2~3千克/亩拌土均匀后撒施或沟施。

二十二　日灼病

[症状]　日灼病是植株果实受强烈阳光直射而引起的生理性病害，主要发生在裸露果实的向阳面上（彩图24），幼果和成熟果均可受害。发病初期病部褪色，略微皱褶，呈灰白色或浅黄色，病部果肉逐渐失水变薄，呈白色革质状，继而病部扩大，稍凹陷，组织坏死发硬，易破裂。后期病部易受病原菌或腐生菌类感染，长出灰黑色或粉色霉层，易腐烂。

[发病因素]　太阳直射导致果实局部受热，表皮细胞被灼伤，引起水分失调，是一种生理性病害。有时日灼斑发生在果实其他部位，这往往是因雨后果实上有水珠，天气突然放晴，阳光分外强烈，果实上的水珠如同透镜一样，汇聚阳光而导致日灼，这种日灼斑一般较小。土壤缺水、天气过度干热、雨后暴晴、低洼积水等条件均可引起发病，栽植过稀、缺肥缺水、植株生长不良、病虫害造成缺株较多的地块，发病较重。

[防治措施]

（1）选择耐热品种　因地制宜地选用耐热品种栽培。

（2）加强田间管理　要加强田间管理，促进植株生长，及时防治病虫害，避免各类因素造成的落叶，减少果实暴露。

（3）合理密植和间作　采用大垄双行或双株定植，可使植株相互遮阴。与玉米、高粱等高秆作物间作，利用高秆作物遮阴，可减少太阳直射，避免果实暴露在直射的太阳光下。

二十三　脐腐病

[症状]　辣椒脐腐病，也称辣椒蒂腐病，是一种非侵染性的生理病害。果实发病时顶部（脐部）呈水浸状，病部为暗绿色或深灰色，随病情发展很快变为暗褐色，果肉失水，顶部凹陷，一般不腐烂，空气潮湿时病果常被某些真菌所腐生（彩图25）。

[发病因素]　发病的根本原因是缺钙。土壤盐基含量低、酸化，尤其是沙性较大的土壤供钙不足。在盐渍化土壤中，虽然土壤含钙量较多，

但因土壤可溶性盐类浓度高，根系对钙的吸收受阻，也会导致缺钙；施用铵态氮肥或钾肥过多时也会阻碍植株对钙的吸收。在土壤干旱、空气干燥、连续高温时易出现大量的脐腐果。另外，水分供应失调，干旱条件下供水不足，或忽旱忽湿，使辣椒根系吸水受阻，由于蒸腾量大，果实中原有的水分被叶片夺走，造成果实大量失水、果肉坏死，也会导致发病。

[防治措施]

(1) 科学施肥 在沙性较强的土壤中每茬都应多施腐熟的鸡粪，如果土壤出现酸化现象，应施用一定量的石灰，避免一次性大量施用铵态氮肥和钾肥。

(2) 均衡供水 土壤湿度不能出现剧烈变化，否则容易引起脐腐病和裂果。在多雨年份，平时要适当多浇水，以防下雨时土壤水分含量突然升高。雨后及时排水，防止田间长时间积水。

(3) 叶面补钙 进入结果期后，每7天喷1次0.1%~0.3%氯化钙或硝酸钙溶液，每周喷2~3次；也可连续喷施绿芬威3号等钙肥，可避免脐腐病发生。

第二节 辣椒主要害虫发生规律及其综合防治

 蚜虫

蚜虫属于同翅目蚜科，又称腻虫，是辣椒生产中经常发生的害虫。危害辣椒的蚜虫主要有桃蚜 [*Myzus persicae* (Sulzer)]、瓜蚜 (*Aphis gossypii* Glover)、茄无网蚜 [*Acyrthosiphon solani* (Kaltenbach)]。

[形态特征]

(1) 桃蚜 有翅孤雌蚜体长2毫米，腹部有黑褐色斑纹，翅无色透明，翅痣为灰黄或青黄色。有翅雄蚜体长1.3~1.9毫米，体色为深绿、灰黄、暗红或红褐色；头胸部为黑色。无翅孤雌蚜体长约2.6毫米，宽1.1毫米，体色为黄绿或洋红色；腹管为长筒形；卵呈椭圆形，长0.5~0.7毫米，初为橙黄色，后变成漆黑色而有光泽。

(2) 瓜蚜 有翅胎生蚜体长不到2毫米，体色为黄、浅绿或深绿色；触角比身体短，翅透明，中脉三岔。无翅胎生雌蚜体长不到2毫米，体色有黄、青、深绿、暗绿等色；触角长约身体的一半，复眼为暗红色，腹管为黑青色；卵为椭圆形，长 0.49～0.69 毫米，初产时为橙黄色，渐变为漆黑色。无翅若蚜与无翅胎生雌蚜相似，但体较小，腹部较瘦。

(3) 茄无网蚜 无翅孤雌成蚜体为长卵形，长 2.8 毫米，宽 1.1 毫米；头部及前胸为红橙色，胸、腹部为绿色；触角第 1～2 节及第 6 节为黑色，第 3～5 节端部为黑色；头部额槽为深"U"形；胸及腹部第 1～6 节有微网纹，第 7～8 节有明显瓦纹，体缘网纹明显；腹管长 0.65 毫米，为体长的 0.23 倍，为尾片长的 1.6 倍；端部及基部收缩，端部有明显缘突和切迹；尾片为长圆锥形，中部收缩，有小刺突构成的瓦纹及长毛 5～6 根。

[危害特点] 危害发生时常以成虫和若虫聚集在叶片背面和嫩茎上吸食植物体内的汁液，造成植株生长缓慢或幼嫩叶片卷曲、皱缩、变黄。蚜虫主要危害嫩茎、嫩叶、花梗等，其排泄物污染叶片和果实，诱发煤污病病原菌寄生，影响光合作用。其成虫还可传播病毒病，每当蚜虫大发生时常伴随病毒病的蔓延。

[发生规律] 蚜虫繁殖的最适温度为 16～24℃，温度高于 28℃ 时则对其发育和数量增长不利，空气湿度高于 75% 时不利于蚜虫繁殖，所以高温、高湿不利于其发生。蚜虫对黄色、橙色有很强的趋向性，其次是绿色，但银灰色有避蚜虫的作用。

蚜虫的繁殖力强，华北地区 1 年可发生 10 代，长江流域 1 年可发生 20～30 代。蚜虫在 1 年中可以分有翅和无翅两种形态，而生殖又可分为卵生和孤雌胎生两种方式，多数世代无翅，当食料或气候对蚜虫生存不利时其后代可产生有翅蚜，迁飞到食物丰富的场所，其后代又变为无翅蚜，无翅蚜在作物上的活动范围较小，但它的繁殖力强，发生代数多，每年发生有翅蚜 4 次或 5 次，在不同作物、不同设施间和地区迁飞，传播快。只要条件适宜，在全国各地都可周年繁殖和危害。蚜虫主要以卵在露地越冬作物上越冬，第二年 4 月下旬～5 月产生有翅蚜迁飞至辣椒田内繁殖危害。春末夏初和秋季为发生与危害盛期，在温室等保护设施内冬季也可繁殖和危害。

[防治措施]

(1) 农业防治 选用抗虫、抗病毒病的高产、优质辣椒品种。蔬菜采收后，及时清理残株落叶，铲除杂草；种植辣椒后，在辣椒地周围种植玉米，作为屏障可阻止蚜虫迁入繁殖和危害，减轻和推迟病毒病的发生。

（2）物理防治 利用蚜虫对黄色有较强趋性的原理，在田间设置黄板进行诱杀；还可利用蚜虫对银灰色有负趋性的原理，覆盖银灰色地膜，起到避蚜防病的作用。

（3）药剂防治 在喷药时应首先选用对蚜虫天敌杀伤力较小的农药，以保护天敌。蚜虫传播病毒病造成的危害远大于蚜虫直接对植株的危害，因此发现蚜虫应立即防治，将其彻底消灭干净。可选用10%蚍虫啉可湿性粉剂2500倍液、50%辟蚜雾2500倍液、10%高效氯氰菊酯乳油6000倍液、50%丁醚脲可湿性粉剂1500倍液、25%吡蚜酮可湿性粉剂8000倍液、5%顺式氯氰菊酯乳油3000倍液、3%啶虫脒乳油2000倍液、2.5%联苯菊酯乳油2500倍液、10.8%四溴菊酯乳油8000倍液、25%噻虫嗪水分散粒剂5000倍液、70%灭蚜松可湿性粉剂2000倍液或25%唑蚜威（灭蚜唑）乳油600倍液进行喷洒；也可选用植物源杀虫剂，如2.5%鱼藤酮乳油1000倍液、40%硫酸藜芦碱1000倍液、1%苦参碱（蚜螨敌）乳油600倍液、27.5%烟碱·油酸乳剂2500倍液、10%烟碱乳油1000倍液、3%除虫菊素乳油1000倍液、0.65%茴蒿素水剂450倍液、27%皂素烟碱可溶性浓剂2000倍液、40%硫酸毒藜碱水剂1000倍液、1.3%鱼藤氰乳油500倍液或6%烟百素乳油1000～1500倍液。药剂应轮换使用，连续防治2～3次。间隔期按药物持效期来定，一般7～10天。

二 茶黄螨

茶黄螨［*Polyphagotarsonemus latus*（Banks）］属蛛形纲、蜱螨目、跗线螨科、茶黄螨属，又称侧多食跗线螨、茶嫩叶螨等。

［形态特征］ 雌成螨体长约0.21毫米，体躯为阔卵形，体分节不明显，浅黄至黄绿色，半透明且有光泽；足4对，沿背中线有1条白色条纹，腹部末端平截。雄成螨体长约0.19毫米，体躯近六角形，浅黄至黄绿色，腹末有锥台形尾吸盘，足较长且粗壮。卵长约0.1毫米，椭圆形，灰白色半透明，卵面有6排纵向排列的泡状突起，底面平整光滑。幼螨近椭圆形，躯体分3节，足3对。若螨半透明，棱形，是一静止阶段，被幼

螨表皮所包围。

[危害特点]　茶黄螨主要危害植物嫩尖，所以有嫩叶螨之称。茶黄螨以成虫、幼螨集中在植株幼嫩部分，刺吸植株汁液使其变色、变形。辣椒受害后，嫩叶皱缩，背面呈油渍状，渐变为黄褐色，叶片边缘向背面纵卷；嫩茎受害，变成黄褐色，扭曲畸形，顶部干枯，不发新叶；花蕾受害后，不能开花结果；果实受害后，果柄及果尖变为锈褐色，果皮粗糙失去光泽，果实生长停滞，僵化变硬。受害严重的植株矮小、丛枝，落花落果，形成秃尖，严重减产。

[发生规律]　茶黄螨繁殖速度快，1年发生多代，在28～32℃条件下4～5天就可繁殖1代，而在18～20℃下也只需7～10天。华北地区6月中旬～9月中旬为危害盛期，露地危害高峰期应在8～9月，12月初进入越冬状态，主要在温室内越冬，少数雌成螨可在冬季作物和杂草根部越冬。其生长的最适温度为16～23℃，最适相对湿度为80%～90%。相对湿度在40%以上，成螨均可繁殖，但卵和幼螨需在相对湿度为80%以上才能生长发育。因而，温暖高湿的条件有利于茶黄螨的发生和蔓延。单雌螨产卵量为百余粒，多将卵散产于嫩叶背面，也有少数产在叶片正面和果实上。初孵幼螨常停留在卵壳附近取食，随着生长发育，活动能力逐渐增强，在变为成螨之前，停止取食，静止不动，进入若螨阶段，若螨蜕皮后即为成螨。成螨个体小，活动能力慢，自身迁移能力低，在田间主要靠爬行来传播蔓延，还可借助人为携带和气流传播。

[防治措施]

(1) 农业防治　与百合科、十字花科作物轮作，切断茶黄螨的食物链；清除田间杂草及残枝落叶，冬前翻耕土地，破坏其越冬场所，消灭越冬虫源。

(2) 药剂防治　应在发生初期及时喷药防治，可选用20%复方浏阳霉素乳油1000倍液、25%灭螨猛可湿性粉剂1200倍液、73%克螨特乳油2000倍液、1.8%阿维菌素乳油2000倍液或5%噻螨酮乳油2000倍液等，每隔7～10天喷1次，连续喷2～3次。喷药时要重点喷植株上部，尤其是嫩叶背面、嫩茎、花器和幼果，对田间发生严重的点或株加大喷药量。

　**红蜘蛛**

辣椒上发生的红蜘蛛主要有朱砂叶螨［*Tetranychus cinnabarinus*（Boisduval)]和二斑叶螨［*Tetranychus urticae*（Koch）］，均属真螨目、叶螨科。

［形态特征］

(1) 朱砂叶螨 雌成螨体长0.28～0.52毫米，每100头大约重2.73毫克，体色为红至紫红色（有些甚至为黑色），在身体两侧各具1个倒"山"字形黑斑，体末端圆，呈卵圆形。雄成螨体色常为绿色或橙黄色，较雌螨略小，体后部尖削。卵为圆形，初产为乳白色，后期呈乳黄色，产于丝网上。

(2) 二斑叶螨 雌成螨体长0.42～0.59毫米，椭圆形，体背有刚毛26根，排成6横排。在生长季节体色为白色、黄白色，无红色个体出现。体背两侧各有1个黑色长斑，取食后呈浓绿、褐绿色，当密度大或种群迁移前体色变为橙黄色。滞育型体色呈浅红色，体侧无斑。二斑叶螨与朱砂叶螨的最大区别为在生长季节无红色个体，其他均相同。雄成螨体长0.26毫米，近卵圆形，前端近圆形，腹末较尖，多呈绿色，与朱砂叶螨难以区分。卵呈球形，长0.13毫米，光滑，初产为乳白色，渐变为橙黄色，将孵化时现出红色眼点。

［危害特点］ 主要寄生在叶片背面取食，刺穿细胞，吸取汁液。受害叶片先从近叶柄的主脉两侧出现苍白色斑点，随着危害的加重，叶片变成灰白色至暗褐色，抑制光合作用的正常进行。严重时叶片焦枯，以致提早脱落。

［发生规律］

(1) 朱砂叶螨 1年可发生20代左右，以受精的雌成虫在土块下、杂草根际、落叶中越冬，第二年3月下旬成虫出蛰，首先在田边的杂草取食、生活并繁殖1～2代，然后由杂草上陆续迁往菜田中危害。进入6月后，其数量逐渐增加。在正常年份，田间朱砂叶螨的种群数量会在麦收前后迅速增加，危害加重。7月是朱砂叶螨全年发生的猖獗期，也是蔬菜受害的主要时期，常在7月中下旬其种群达到全年高峰期。

(2) 二斑叶螨 在北方1年发生12～15代，以受精的雌成虫在土块、枯枝落叶下或小旋花、夏至草等宿根性杂草的根际等处吐丝结网潜伏越冬。当3月平均温度达10℃左右时，越冬雌成虫开始出蛰活动并产卵，于5月上旬后陆续迁移到蔬菜上危害。由于温度较低，5月一般不会造成大的危害。随着温度的升高，其繁殖也加快，在6月上、中旬进入全年的猖獗危害期，于7月上、中旬进入年中高峰期。

[防治措施]

(1) 农业防治 清除田埂、路边和田间的杂草及枯枝落叶，耕整土地以消灭越冬虫源；合理灌溉和施肥，促进植株健壮生长，增强抗虫能力；发现害虫及时喷药。

(2) 药剂防治 可选用1.8%阿维菌素乳油2000倍液、20%复方浏阳霉素乳油1000倍液、25%灭螨猛可湿性粉剂1200倍液、73%克螨特乳油2000倍液或5%噻螨酮乳油2000倍液等。

四 棉铃虫

棉铃虫［*Helicoverpa armigera*（Hübner）］属鳞翅目、夜蛾科昆虫。

[形态特征] 成虫为灰褐色中型蛾，体长15～20毫米，翅展31～40毫米，复眼为球形、绿色（近缘种烟青虫复眼为黑色）。雌蛾为赤褐色至灰褐色，雄蛾为青灰色。卵呈半球形，高0.52毫米，顶部微隆起，表面布满纵横纹。老熟6龄虫体长40～50毫米，头为黄褐色且有不明显的斑纹。幼虫体色多变，蛹长17～20毫米，纺锤形，赤褐色至黑褐色，腹末有1对臀刺，刺的基部分开。

[危害特点] 棉铃虫是茄果类蔬菜的主要害虫，主要以幼虫蛀食蕾、花、果实为主，也啃食嫩茎、叶和芽。蕾受害时，苞叶张开，变成黄绿色，2～3天后脱落。幼果常被吃空或引起腐烂而脱落，成果虽然只被蛀食部分果肉，但因蛀孔在蒂部，易流入雨水、侵入病原菌而引起腐烂。棉铃虫幼虫蛀食时，尾部多留在蛀孔外，粪便也排在果外。果实大量被蛀导致腐烂脱落，是造成减产的主要原因。

[发生规律] 全国各地均有发生，在山东省1年发生4代，以蛹在土壤中越冬，第二年4月下旬，气温达到15℃时成虫羽化（称为越冬代成虫），多产卵于小麦、豌豆等作物上，5月下旬～6月上旬第一代成虫羽化。第一代卵高峰多出现在6月20日前后，大多数年份卵高峰出现在6月17日或18日。卵散生，初为白色，后逐渐变为黄褐色再孵化为幼虫。第二代、第三代的卵高峰分别出现在7月下旬和8月下旬。第二、三代棉铃虫对辣椒危害最严重，应特别注意做好防治。幼虫分6个龄期，3龄以

前多在叶面活动危害，是防治的有利时期，3 龄以后多钻蛀危害，防治困难。

棉铃虫属喜温性害虫。初夏气温稳定在 20℃ 和 5 厘米地温稳定在23℃ 以上时，越冬蛹开始羽化。成虫产卵适温在 23℃ 以上，20℃ 以下时很少产卵，幼虫发育以 25~28℃ 和相对湿度 75%~90% 最为适宜。在北方尤以湿度的影响较显著，当降雨量适中、无大雨、相对湿度在 60% 以上时，危害严重。雨水过多、土壤板结，不利于幼虫入土化蛹并提高蛹的死亡率。

［防治措施］

（1）农业防治　冬前翻耕土地，浇水淹地，可消灭部分越冬虫蛹。

（2）物理防治　利用成虫的趋光性，可采用黑光灯或频振式杀虫灯诱杀成虫。

（3）生物防治　防治棉铃虫的关键是掌握在卵高峰后幼虫刚孵化的 1龄期。成虫产卵后 3~4 天，喷洒苏云金杆菌（Bt）乳剂或棉铃虫核型多角体病毒制剂，使幼虫感病而死亡。连喷 2 次，效果最佳，既可控制危害，又不伤害天敌，且不污染环境。

（4）药剂防治　一般在辣椒果实开始膨大时用药，可选用 21% 甲维盐 1500 倍液、2.5% 高效氯氟氰菊酯乳油 5000 倍液、5% 定虫隆乳油 1500倍液、1.8% 阿维菌素乳油 2000 倍液或 10% 高效氯氰菊酯类乳油 4000 倍液等。

五　烟青虫

烟青虫［*Helicoverpa assulta*（Guenée）］又名烟夜蛾，属鳞翅目、夜蛾科昆虫。

［形态特征］　成虫体长约 15 毫米，翅展 27~35 毫米，黄褐色，前翅上有几条黑褐色的细横线，肾状纹和环状纹较棉铃虫清晰；后翅为黄褐色，外缘的黑色宽带稍窄。卵较扁，浅黄色，卵壳上有网状花纹。老熟幼虫一般体长 30~42 毫米，体色变化很大，体上的小刺较棉铃虫的短，体壁柔薄且较光滑。蛹为赤褐色，纺锤形，长 17~21 毫米，体长、体色与棉铃虫相似，腹部末端的 1 对钩刺靠近。

［危害特点］　烟青虫主要以幼虫蛀食辣椒花、蕾、果实，也食害芽、

叶和嫩茎。蛀食果实时，在近果柄处咬成孔洞，整个幼虫钻入果内啃食果肉和胎座，残留果皮，同时排留大量粪便，引起果实腐烂，造成辣椒产量降低和品质下降。

[发生规律] 成虫白天多潜伏在叶片背面、杂草株丛或枯叶中栖息，晚上或阴天出来活动。在山东每年发生 3～4 代，以蛹在田间 3～7 厘米土层内越冬。越冬蛹于 4 月中旬开始羽化，羽化后 1～3 天开始交配产卵，4～5 天为产卵高峰期，产卵多在晚上 8:00～12:00 进行，卵多散产于嫩叶正面、嫩茎、花蕾和果柄处，少数产于叶片背面。每头雌虫可产卵 1000 个左右。卵孵化大部分时间在晚上 7:00～8:00 和上午 6:00～9:00 进行，初孵幼虫先取食卵壳，再蛀食花蕾、嫩叶、嫩梢。幼虫期为 6 龄，3 龄幼虫开始蛀食果实，幼虫有转果危害的习性。

烟青虫的发生与环境温度的关系密切，卵期发育的起点温度为 13.7℃，幼虫期为 13.9℃，蛹期为 11.2℃，成虫产卵前期温度为 16.7℃，成虫产卵的适温为 24～27℃。日均温为 25.8℃时，孵化率达 90% 左右，而在日均温为 20.5℃时，孵化率只有 20% 左右。

烟青虫的孵化和幼虫发育还需要足够的湿度，一般相对湿度应在 70%～90% 时较有利。暴风雨、大雨对卵和初孵幼虫有强烈的冲刷作用；大雨过后土壤板结，不利于幼虫入土化蛹和蛹的羽化。

[防治措施]

（1）农业防治 结合冬耕、冬灌及其他耕作措施，消灭越冬虫蛹，减少第二年的虫口基数；及时摘除被蛀食的果实，以免幼虫转果危害；可用黑光灯或杨、柳枝诱集成虫，便于消灭。

（2）药剂防治 喷药应在孵化盛期至 2 龄期进行，把幼虫消灭在蛀入果实之前，一般在初花期开始喷药，否则防治效果降低。可使用的药剂很多，一般选用杀虫兼杀卵的药剂较为理想，如 50% 辛硫磷乳油 1500 倍液、20% 甲氰菊酯 3000 倍液、10% 高效氯氰菊酯 3000 倍液、2.5% 溴氰菊酯 3000 倍液、1.8% 阿维菌素乳油 2000 倍液或 20% 溴灭菊酯乳油 3000 倍液等。喷药应重点喷施植株上部的细嫩部位，每隔 5～7 天喷 1 次，连喷 2～3 次。

 **六 甜菜夜蛾**

甜菜夜蛾 [*Spodoptera exigua*（Hübner）] 属鳞翅目、夜蛾科昆虫。

[形态特征] 成虫体长 10~14 毫米，翅展 25~34 毫米；头胸及前翅为灰褐色，前翅基线仅前端可见双黑纹，内、外线均为双线、黑色，内线呈波浪形，剑纹为一黑条；环、肾纹为粉黄色，中线为黑色、波浪形，外线呈锯齿形，双线间的前后端为白色，亚端线为白色、锯齿形，两侧有黑点；后翅为白色，翅脉及端线为黑色。幼虫体色变化很大，有绿色、暗绿色、黄褐色、黑褐色等，腹部体侧气门下线为明显的黄白色纵带，有时呈粉红色。成虫昼伏夜出，有强趋光性和弱趋化性，大龄幼虫有假死性，老熟幼虫入土吐丝化蛹。卵为圆馒头形、白色，表面有放射状的隆起线。蛹体长 10 毫米左右，黄褐色。

[危害特点] 危害严重时，可吃光叶肉，仅留叶脉，甚至剥食茎秆皮层。幼虫可成群迁移，稍受震扰吐丝落地，有假死性。3~4 龄后，白天潜于植株下部或土缝中，傍晚移出取食危害。

[发生规律] 主要以蛹在土壤中越冬，在华南地区无越冬现象，可终年繁殖危害。甜菜夜蛾各代在山东省发生危害的时间为：第 1 代高峰期为 5 月上旬~6 月下旬，第 2 代高峰期为 6 月上中旬~7 月中旬，第 3 代高峰期为 7 月中旬~8 月下旬，第 4 代高峰期为 8 月上旬~9 月中下旬，第 5 代高峰期为 8 月下旬~10 月中旬，第 6 代高峰期为 9 月下旬~11 月下旬，第 7 代发生在 11 月上中旬，该代为不完全世代。一般情况下，从第 3 代开始会出现世代重叠现象。

[防治措施]

(1) 农业防治 晚秋或初冬翻耕土壤，消灭越冬的蛹；春季 3~4 月清除田间杂草，消灭杂草上的初龄幼虫。

(2) 诱杀成虫 利用甜菜夜蛾的趋光性，可采用黑光灯诱杀成虫；也可利用成虫的趋化性，用糖醋酒液、胡萝卜、甘薯、豆饼等发酵液加少量的杀虫剂或性诱剂来诱杀成虫。

(3) 药剂防治 在甜菜夜蛾幼虫初孵化盛期，选用 20% 虫酰肼悬浮剂 1500 倍液、5% 定虫隆 100 倍液、5% 氟虫脲 100~2000 倍液或 20% 杀灭菊酯乳油 1000~2000 倍液进行喷雾防治。

七 白粉虱

白粉虱 [*Trialeurodes vaporariorum*（Westwood）] 属同翅目、粉虱科昆

虫，又名小白蛾。

[形态特征]　成虫体长 1～1.5 毫米，浅黄色。翅面覆有白蜡粉，停息时双翅在身体上合成屋脊状如蛾类，翅端以半圆状遮住整个腹部，沿翅外缘有一排小颗粒。卵长约 0.2 毫米，长椭圆形，基部有卵柄，柄长 0.02 毫米，初产为浅绿色，覆有蜡粉，而后渐变为褐色，孵化前呈黑色。若虫体长 0.29～0.8 毫米，长椭圆形，浅绿色或黄绿色，足和触角退化，紧贴在叶片上营固着生活。4 龄若虫又称伪蛹，体长 0.7～0.8 毫米，椭圆形，初期体扁平，逐渐加厚，中央略高，黄褐色，体背有长短不齐的蜡丝，体侧有刺。

[危害特点]　成虫、若虫以刺吸口器吸吮辣椒的汁液，叶片被害处发生褪绿斑、变黄，植株生长势衰弱。此外，由于其繁殖力强、繁殖速度快、种群数量庞大、群聚危害，并分泌出大量的蜜露堆积在叶片和果实上，引起煤污病的发生，影响植株光合作用和降低果实的商品性。

[发生规律]　在北方温室 1 年发生 10 余代，成虫常雌雄成双并排栖于叶片背面。成虫羽化后 1～3 天即可交配产卵，平均每头雌成虫产卵 142 粒，还可孤雌生殖，其后代均是雄性。成虫具有趋嫩性、趋黄性、趋光性，并喜食辣椒植株的幼嫩部分，可利用这些特性诱杀白粉虱成虫。雌成虫有选择嫩叶集居和产卵的习性，随着寄主植物的生长，成虫逐渐向上部叶片移动，造成各虫态在植株上的垂直分布，常表现明显的规律。新产的卵为绿色，多集中在上部叶片，老熟的卵则位于稍下的一些叶片上，再往下则分别是初龄幼虫、老龄幼虫，最下层叶片则主要是伪蛹和新羽化的成虫。白粉虱成虫活动的最适温度为 22～30℃，繁殖适温为 18～21℃。白粉虱也可传播病毒病。

[防治措施]

(1) 诱杀成虫　利用白粉虱具有强烈的趋黄性，可在栽培地挂设黄板以诱杀成虫。方法是在白粉虱成虫盛发期内，将黄板按每亩用 30～40 片均匀悬挂于植株上方，板的底部与植株顶端相平，或略高于植株顶端。一般隔 7～10 天更换 1 次。

(2) 生物防治　在温室和大棚等保护设施内，可人工释放丽蚜小蜂、草蛉等天敌来防治白粉虱。

(3) 药剂防治

1）熏烟法。在保护地中可采用熏烟法，省工省力，效果更好。方法是于傍晚密闭温室或大棚，然后每亩用80%敌敌畏乳油0.3～0.4千克，加适量锯末后点燃（无明火）熏杀；也可以用2.5%溴氰菊酯或20%灭蚜烟剂熏烟，防治效果较好。

2）喷雾法。早期用药应在白粉虱零星发生时开始喷洒，可选用10%吡虫啉可湿性粉剂1500倍液、1.8%阿维菌素乳油2000倍液、25%扑虱灵可湿性粉剂2500倍液或2.5%溴氰菊酯3000倍液，每周喷1次，连喷3～4次，不同药剂应交替使用，以免害虫产生抗药性。喷药要在早晨或傍晚进行，此时白粉虱的迁飞能力较差。喷药时要先喷叶片正面再喷背面，使掠飞的白粉虱落到叶片表面时也能触到药液而死。

八 地老虎

地老虎属鳞翅目、夜蛾科昆虫，主要有小地老虎［*Agrotis ypsilon*（Rottemberg）］和黄地老虎［*Agrotis segetum*（Denis et Schiffermüller）］2种。

［形态特征］

(1) 小地老虎 成虫体长17～23毫米，翅展40～54毫米，全身为灰褐色；前翅有2对横纹，翅基部为浅黄色，外部为黑色，中部为灰黄色，并有1个圆环，肾纹为黑色；后翅为灰白色，半透明，翅周围为浅褐色；雌虫触角丝状，雄虫触角栉齿状。卵为馒头形，表面有纵横的隆起纹，初产时为乳白色。幼虫老熟时体长37～47毫米，圆筒形，全身为黄褐色，表皮粗糙，背面有明显的浅色纵纹，布满黑色小颗粒。蛹长8～24毫米，赤褐色，有光泽。

(2) 黄地老虎 成虫体长14～19毫米，翅展32～43毫米，全身为黄褐色；前翅亚基线及内、中、外横纹不很明显，肾形纹、环形纹和楔形纹均甚明显；后翅为白色。卵为半圆形，初产时为乳白色，以后渐现浅红色波纹，孵化前变为黑色。幼虫与小地老虎相似，其区别为：老熟幼虫体长33～43毫米，体色为黄褐色，体表颗粒不明显，有光泽，多皱纹；腹部背面各节有4个毛片，前方2个与后方2个大小相似；臀板中央有黄色纵纹，两侧各有1个黄褐色大斑。蛹体长16～19毫米，红褐色，腹部末节有臀棘1对，腹部背面第5～7节刻点小而多。

［危害特点］ 卵散产或堆产在土表、植物低矮处杂草幼苗的叶背或嫩茎上。3龄前的幼虫大多在土表或植株上活动，昼夜取食叶片、心叶、

嫩头、幼芽等部位，形成半透明的白斑或小孔，食量较小。3龄后分散入土，白天潜伏在浅土中，夜间活动取食危害，尤其在天刚亮、露水多时危害最严重，幼虫常将作物幼苗近地面的茎部咬断，使植株死亡，严重时造成缺苗断垄。

[发生规律]

（1）小地老虎　在北方1年发生4代，越冬代成虫盛发期在3月上旬。幼虫共6龄，4月中、下旬为2~3龄幼虫盛期，5月上、中旬为5~6龄幼虫盛期。小地老虎无滞育现象，条件适合便可连续繁殖与危害。

（2）黄地老虎　其生活习性与小地老虎相近，主要的区别是黄地老虎多产卵于作物的根茬和草梗上，常是串状排列。幼虫危害盛期比小地老虎迟1个月左右，管理粗放、杂草多的地块受害严重。

小地老虎、黄地老虎对黑光灯均有趋性；对糖酒醋液的趋性以小地老虎最强；黄地老虎则喜欢在大葱花蕊上取食来补充营养。

[防治措施]

（1）农业防治　秋耕冬灌，能杀伤越冬虫源；早春及时清除田间及其周围的杂草，结合春耕耙地可以消灭部分幼虫和卵；辣椒可采用育苗移栽技术，避开地老虎产卵的高峰期，可减轻危害。

（2）诱杀成虫和诱捕幼虫　在成虫发生时期利用糖醋液诱杀成虫，糖、醋、酒、水的比例为3:4:1:2，再加少量敌百虫后配成诱虫液，将诱虫液放在盆内，傍晚时放到田间，位置应距离地面1米高，第二天上午收回。晚间还可用黑光灯或频振式杀虫灯诱杀成虫。诱捕幼虫时可将新鲜泡桐树叶用水浸泡后，于第1代幼虫发生期的傍晚放在被害地块，次日清晨捕捉叶下幼虫；也可将新鲜菜叶、杂草堆成小堆来诱集。

（3）药剂防治　在幼虫3龄前可用毒饵诱杀，如用90%敌百虫晶体0.5千克加水3~5千克，喷拌铡碎的鲜草30千克或碾碎炒香的棉籽饼或粉碎的油渣50千克，于傍晚时撒在辣椒苗根际附近，隔一定距离撒一堆，每亩用鲜草毒饵25千克，或棉籽毒饵5千克。也可撒施毒土，如用50%辛硫磷乳油与细土以1:1000的比例拌匀撒施，或2.5%敌百虫1.5千克与细土22.5千克混匀撒施，每亩撒20~25千克，不仅能杀死1~2龄幼虫，对高龄幼虫也有一定的杀伤效果。虫龄较大时，可用80%敌敌畏乳剂或50%辛硫磷乳油1000~1500倍液灌根，还可选用20%杀灭菊酯2000倍

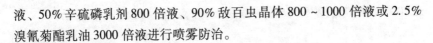

液、50%辛硫磷乳剂 800 倍液、90%敌百虫晶体 800～1000 倍液或 2.5%溴氰菊酯乳油 3000 倍液进行喷雾防治。

九 蓟马

辣椒上发生的蓟马主要是烟蓟马（*Thrips tabaci* Lindeman），属缨翅目，蓟马科，又名棉蓟马。

[形态特征] 成虫体长 1.1 毫米左右，褐黄色。卵长 0.2 毫米左右，肾形。若虫在初龄时长约 0.37 毫米，白色，透明，2 龄时体长 0.9 毫米左右，色浅，为黄色至深黄色。

[危害特点] 成虫、若虫以锉吸式口器取食植株的汁液，危害其生长点、嫩芽、叶片等部位，严重时生长点被破坏而生长停滞。叶片上出现白色小斑点，皱缩畸形。蓟马可传播多种作物病毒病。

[发生规律] 烟蓟马在华北地区 1 年发生 3～4 代，山东省 1 年发生 6～10 代，华南地区 1 年发生 20 代以上，主要以成虫或若虫在未采收的大葱、洋葱、大蒜的叶鞘内及土块下、土缝内或枯枝落叶下越冬，也有少数以"蛹"在土层内越冬。早春开始活动后，该虫先在较早萌发的杂草上繁殖，当辣椒幼苗或其他作物幼苗长出后，迁入田间危害。辣椒各个生育期均可受害，以 5～6 月间受害较重。烟蓟马若虫共有 4 个龄期，1～2 龄若虫活动性不强，2 龄以后活跃。成虫极活跃，善飞能跳，还可随风传播，怕阳光，白天多在叶片背面隐藏或危害，早、晚或阴天取食能力强。雌虫可行孤雌生殖，雄虫少见，每头雌虫平均产卵约 50 粒（21～178粒），多产于叶片组织中。干旱少雨、温度较高时发生严重，气温在 25℃以下、相对湿度在 60%以下，有利于烟蓟马的发生，高温高湿则不利于其发生，各虫态经雨水冲刷，发生数量可降低。

[防治措施]

(1) 农业防治 对椒田实行深耕、冬灌，清除田间和四周杂草及枯枝落叶，以减少越冬虫源；及时防治椒田周边作物（大葱、大蒜等）上的蓟马。

(2) 药剂防治 在若虫发生高峰期，可选用 2.5%多杀霉素悬浮剂 2000 倍液、10%吡虫啉 1000～2000 倍液、3%除虫菊素乳油 1000 倍液、50%辛硫磷乳油 1000 倍液、1.8%阿维菌素 3000 倍液或 10%氯氰菊酯乳油 2000 倍液等进行喷雾防治，喷雾时要重点喷心叶及叶片背面处。

第三节　辣椒病虫害综合防治技术

辣椒病虫害的种类多，其危害症状、发病（生）规律、防治措施不尽相同，所以要想有效防治辣椒病虫害，必须按照"预防为主、综合防治"的植保方针，树立"绿色植保、公共植保"的理念，采取积极有效的措施，灵活运用农业、生物、物理、化学的综合措施，把辣椒病虫害控制在经济阈值以下，才能生产出安全、优质的辣椒。

一　农业防治

农业防治是结合栽培过程中的各种措施来避免、消灭或减轻病虫害的方法，是防治病虫害最经济、最有效的措施。科学的栽培技术可给辣椒创造最有利的生长发育条件，从而使辣椒植株生长健壮，提高植株的抗病、抗虫性，同时创造不利于有害生物发生与危害的环境条件，控制病虫害不发生、少发生，且能控制发生的范围。农业防治贯穿于整个辣椒栽培和生长过程中，各个环节要严格控制，使病虫害的影响降到最低程度，这是有害生物综合治理技术体系中的一项有效基础措施，既经济又有效，也不污染环境，还对人畜安全。

1. 采种、引种和种子处理

应从无病的地块和无病株上采种，以避免种子带菌。引进种子时要严格执行检疫制度，要从无病区引种，以减少种子带菌的可能性。播种前应对种子进行消毒处理，可采用温汤浸种或药剂处理，以杀死种子所携带的有害生物。

2. 选用适于当地条件的抗（耐）病品种

采用抗（耐）病虫品种是防治有害生物的一种有效方法。我国在辣椒抗病品种方面研究较多，也成功培育了许多抗病品种，并在生产上推广应用，减少了病虫害的发生。选择合理，可在减少投入的情况下增加收益和减少用药量。

3. 耕地和轮作换茬

前茬作物采收后应及时进行深耕晒垡或冻土，以利于消灭土壤中的病虫害，降低病源和虫口基数；同一地块不要连种辣椒及其他茄果类蔬菜，最好实行非茄果类蔬菜3年左右的轮作。

4. 清除田园

辣椒的许多病虫均在病残体、杂草上越冬或越夏，所以换茬时必须彻底清园，将清出的残茬深埋或烧毁；栽培过程中有的病虫害从某株或小片开始发生时，可采用及时拔除病株或摘除病叶等方法，以减少再浸染的病源、虫源。

5. 改善田间小气候

特别是在保护地栽培中可采取各种措施来降低空气湿度，控制温变，使温湿度有利于辣椒生长，但不利于病虫害的发生和蔓延。在保护地中可通过地膜覆盖、膜下滴灌、膜下浇暗水、加强通风等方式来达到控制温度和湿度的目的。

6. 推广水肥一体化

多种元素的肥料要平衡施肥，大力推广水肥一体化，有机肥和化肥要配合施用，避免偏施氮肥。合理施肥有利于提高作物对病虫害的抗性。

二 生物防治

充分利用有益的微生物和昆虫来防治辣椒病虫害，而且污染少，有益于生产者和消费者的健康。辣椒生产中可结合生物防治，如使用菌肥（既可增产，又可防病）、新植霉素等防治疮痂病，使用苏云金杆菌防治菜青虫，使用丽蚜小蜂防治白粉虱等。

三 物理防治

物理防治方法一般成本低、简单易行，是一种很有效的方法。可利用杀虫灯防治甜菜夜蛾、地老虎、棉铃虫等害虫，利用黄板诱杀蚜虫、烟粉虱、白粉虱、蓟马等害虫，利用银灰色避蚜等，在辣椒生产中都很有应用前景。

在保护地栽培过程中还可通过高温闷棚及高温消毒土壤的方法来杀死病原菌、虫卵等。种子的温汤浸种均是行之有效的物理防治方法。

四 药剂防治

采用药剂防治病虫害虽要增加投入，且有一定的污染，但由于化学药剂防治效果好、快速，所以仍是目前最常用的方法之一，特别是在病虫害大量发生和蔓延时，必须采用化学药剂来防治。在防治过程中要根据病虫种类，合理选用农药，做到"对症"下药，严格控制农药施用的量、浓度、时间、次数和安全间隔期；科学确定施用方式，严防发生药害；遵循高效、低毒、低残留原则，合理复配混用农药。

目前，植物源、矿物源、生物源的药剂很多，可加大措施，进一步研究，扩大防治范围。选用不同种类的农药交替轮换使用，可以延缓病虫抗药性的发生和发展，提高防治效果，降低防治成本。在采用化学药剂防治病虫害过程中，需注意以下几个方面。

1. 种子消毒处理

利用药剂浸种、拌种和闷杀种子上所带的病原菌和虫卵。

2. 幼苗移栽前喷药

为防止幼苗把病虫带到栽培田中，应在幼苗移栽前喷药，一般在定植前 2～3 天对育苗床内的幼苗喷洒杀虫剂和杀菌剂。

3. 定植前对土壤和保护地设施进行消毒

常年使用的保护设施和连作的土壤中病虫害多，应采用化学和物理的方法进行消毒处理。

4. 充分掌握病情和虫病变化

根据天气变化及时进行预防；根据病虫发生规律，及时在病虫未发生或发生初期喷施农药，防治效果最好。

5. 正确选择农药

正确选择农药是极为重要的，否则会适得其反。不同的病虫害应选用不同的药剂，虫害应选用杀虫剂，真菌性病害应选择杀真菌的杀菌剂，细菌性病害应选择杀细菌的杀菌剂，而生理性病害只能通过改善环境条件和水肥管理等措施来解决。所以，采用药剂防治时必须明确病虫害的性质和农药的特性，才能对症下药，取得好的防治效果。

6. 保证喷药质量

喷洒时，喷头与辣椒的距离不能太近，一般在 0.4 米；喷洒要均匀，覆盖完全，特别是非内吸型农药，必须喷洒彻底以覆盖叶片正反面、老叶和新叶，雾化要好；应选择无露水的晴天进行，中午高温强光时不能喷洒。

7. 交替使用农药

一般情况下药剂浓度越高，效果越好，但浓度高后易产生药害，所以必须经试验后才能改变或提高浓度。另外，在防治过程中应选几种农药交替使用，如果只是一种农药重复使用，很容易产生抗药性，防治效果差。

8. 改变施药时间，提高施药效率和效果

避免在早晨露水未干前和高温天气的中午进行喷药；于傍晚将保护地的通风口、门窗等关闭后进行熏烟等，既省工，效果又好。

附　　录

附录A　山东省济宁地区蒜套辣椒种植技术

1. 选种

品种选择，是辣椒增收的关键，因此要根据栽培条件和市场需求选择品种。目前，适合山东省济宁地区与大蒜套种的辣椒品种类型主要有：一是色素辣椒，如金塔、益都红、济宁红等，做订单农业；二是朝天椒，如天宇、三樱8号、JN18-6、世农经典、簇生子弹王、吨椒99、满天红、北科1号等，做干制品。

2. 育苗

培育优质壮苗，是辣椒丰产的基础，因此苗床土要肥沃，保水力要强，通气性要好。育苗时间一般在2月下旬，采用小拱棚育苗。播前先晒种2~3天，以提高种子的发芽势，使出苗快而整齐。

(1) 播种方法　最好采用干籽播种，即先把苗床洇足水，待水渗下后，将种子掺细土分3遍撒匀，然后覆1厘米厚的过筛土，盖上地膜，扣小拱棚。

(2) 苗床管理　出苗前苗床温度应保持白天25~30℃、晚上15~18℃，待有50%幼苗出土后，可于下午4:00将地膜除去，以便幼苗生长。苗出齐后注意放风，早上9:00后可揭开苗床两头，用支撑物撑起，下午3:00前盖好风口，控制好温湿度，防止出现高腿苗。定植前10~15天，应逐渐加大通风口进行炼苗，以免徒长，力求定植时茎粗、叶大、根多、第一朵花现蕾。

3. 定植

辣椒根系弱，入土浅，生长期长，结果多，因此应选择地势高、肥力足、土壤疏松的地块，并做好沟畦，使沟沟相通，短灌短排。定植应于10厘米地温稳定在15℃左右时及早进行，一般在4月20日前后。

（1）定植方法　大蒜最好采取高畦栽培，用套钵器把辣椒种在高畦上。

（2）定植密度　色素辣椒、分次采收的朝天椒，株型较大，株行距为76厘米×25厘米，应单株定植，每亩3500株左右；一次性采收的朝天椒，株型紧凑，适于密植，株行距为57厘米×25厘米，可每穴2株，每亩8000～10000株。

4. 水肥管理

辣椒具有喜温、喜水、喜肥，而又有高温易得病、水满易死棵、肥多易烧根的特点，所以，在整个生长发育周期的不同阶段应有不同的管理要求。

前期地温低，根系弱，应大促小控，尽量少浇水，以利于增温，促根返苗。大蒜采收后，要及时浇促棵保苗水，并随水冲施尿素8～10千克。中前期气温逐渐升高，降雨量逐渐增多，病虫害陆续发生，应促棵攻果，力争在高温雨季到来前封垄。封垄前要进行施肥，每亩追施三元复合肥20～30千克，并中耕培土，做到"开口等雨"，随下随排。中后期高温多雨，会抑制辣椒根系的正常生长，并诱发病毒病，应保棵保棵。此期若遇旱情，应浇在旱期头，而不能浇在旱期尾，使土壤始终保持湿润。后期气温逐渐转凉，昼夜温差加大，是辣椒的第二次开花结果高峰，应加强水肥管理，可视天气和植株长势，结合浇水每亩追施高钾复合肥20～30千克。

5. 中耕培土

浇水、施肥及降雨等因素会造成土壤板结，定植后的辣椒幼苗基部接近土表处便容易发生腐烂现象，所以应及时进行中耕。中耕一般结合田间除草进行。

加工型鲜用的辣椒一般植株高大，结果较多，要进行培土以防辣椒倒伏，在封垄之前，结合中耕逐步进行培土，一般中耕1次培1次，使田间形成垄沟，辣椒生长在垄上，使根系随之下移，不仅可以防止植株倒伏，还可以增强辣椒的抗旱能力。

6. 植株调整

整枝可以促进辣椒果实生长发育，提高其产量和品质。要把门椒以下的侧枝及时剪掉，发现不结果的无效侧枝也要及时剪掉。

朝天椒的产量主要集中在侧枝上，主茎上的产量仅占10%~20%，而侧枝上的产量却占80%~90%。朝天椒的主茎长到10~14片叶时顶端就要开花，这时侧枝还没有萌发完全，只有中下层3~5条侧枝伸展开来，主枝顶端开花坐果后，营养供应中心就集中在顶端，并过早地转入生殖生长，使中下部侧枝发育不良、侧枝数少、侧枝上的果小。因此，主茎长到10~16片叶而未开花即主茎现蕾时要人工摘心，摘除主茎花蕾，促进侧枝发育，提高产量。注意打顶后结合浇水追施尿素5~10千克/亩。

7. 病虫害防治

辣椒病害主要有疫病、炭疽病、病毒病、细菌性病害等，可选用普力克、阿米西达、咪酰胺、中生菌素、农用链霉素等进行防治；辣椒虫害主要有烟青虫、棉铃虫、茶黄螨、蚜虫等，可选用氯虫苯甲酰胺、阿维菌素、吡虫啉等进行防治。

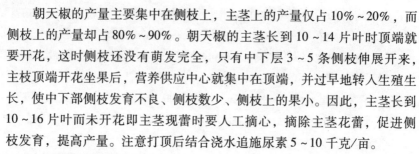

附录B 山东省济宁地区加工型辣椒蒜茬机械化移栽技术

山东省济宁地区加工型辣椒种植面积较大，已成为农民增收的主要经济作物，目前种植面积达50多万亩，主要集中在金乡、鱼台、嘉祥等县，种植品种主要有改良三鹰椒、金塔和天宇等系列辣椒品种，农民大多采用大蒜—辣椒一年两作的种植模式。目前济宁地区主要采用人工套种方式，一般于2月中下旬进行小拱棚育苗，4月20日~4月25日前后移栽套种在蒜地，这样大蒜采收也只能依靠人工，不能使用机械，辣椒移栽定植也只能依靠人工。这种套种模式严重影响了大蒜、辣椒生产的机械化水平，造成大蒜—辣椒轮作的生产强度大、生产成本高，成为扩大再生产的制约因素。随着人工成本的提高，辣椒经济效益受到了极大影响，农民迫切希望应用辣椒机械化移栽技术。为此，2018—2020年，连续3年在金乡县鱼山街道国家现代农业产业园、金乡县玛丽亚大蒜专业合作社种植基地、王丕街道示范基地开展了辣椒大苗机械化移栽技术试验示范，结果总结如下。

1. 加工型辣椒机械化移栽技术对育苗的要求

辣椒机械化移栽必须在大蒜采收后才能进行，济宁地区大蒜采收一般在5月20日前后，相对套种时移栽时间晚了将近30天，为了保证辣椒的生长期，机械移栽的辣椒苗一般苗龄较大，同时考虑到移栽机械对苗高的限制和苗龄太大会出现返苗较慢的因素，机械移栽辣椒育苗时间要比套种的稍晚，一般于 3 月上中旬进行小拱棚育苗，最好用基质进行穴盘育苗，方便机械化移栽，5 月 20 日前后进行移栽定植，移栽时植株带有 2 ~ 3 个大蕾。与套种育苗相比，机械化移栽育苗要特别注意利用控肥、控水和化控方式控制苗高，移栽时苗高最好不超过 25 厘米，应茎秆粗壮、节间短、无病虫害、根系发达。

2. 机械化作业技术要点

（1）旋耕、整平 大蒜采收后、辣椒移栽前，要根据土壤条件、墒情、地块规模等因素及时地进行机械旋耕，选用横轴式旋耕机配套 100 马力（1 马力 ≈ 735 瓦）拖拉机进行作业，作业深度在 15 厘米以上，要求地表平整、土块均匀、土层疏松、地头整齐。旋耕后，再用激光平地机整平。

（2）机械移栽 试验遴选了两款技术先进、性能稳定可靠的蔬菜移栽机：山东华龙移栽机 2ZBX-4A 型和山东宁津金利达移栽机 2ZBX-2 型。

山东华龙移栽机 2ZBX-4A 型是牵引式蔬菜移栽机，配套 60 ~ 100 马力拖拉机，定植方式为鸭嘴吊杯式，4 行移栽，作业速度为 0.8 ~ 3 千米/小时。山东宁津金利达移栽机 2ZBX-2 型为牵引式移栽机，配套 35 马力拖拉机，定植方式为吊杯式，2 行移栽，辣椒移栽的工作效率为 8000 ~ 10000 株/小时。

移栽时辣椒苗要挺实、不萎蔫、不打弯。移栽前两天要对辣椒苗进行少量浇水，以增加穴盘内湿度。移栽深度以 5 ~ 6 厘米为宜，基质顶部埋入土下 2 ~ 3 厘米为宜。行距为 50 厘米、株距为 30 厘米。移栽后立即浇水，以提高移栽苗的成活率，并减少缓苗时间。

3. 田间管理

机械移苗后，由于没有大蒜遮阴，田间蒸发量明显增加，故需要根据天气、土壤情况适当增加浇水次数，促进缓苗，其他栽培管理措施按常规进行。

4. 经济效益对比

由于辣椒不用套种，前茬作物大蒜可以利用机械采收，一般大蒜人工采收费用为 450 元/亩，大蒜机械采收费用为 150 元/亩，应用大蒜机械化采收技术，可节省作业成本 300 元/亩。人工移栽辣椒的费用为 260 元/

亩，机械移栽辣椒的费用为 100 元/亩，应用辣椒机械化移栽技术，可节省作业成本 160 元/亩。应用辣椒大苗机械化移栽技术，大蒜采收和辣椒移栽两项每年可节省人工成本 460 元/亩，经济效益非常可观。

5. 加工型辣椒机械化移栽技术存在的问题

1）关键环节机械价格偏高，推广起来比较困难。

2）大蒜联合采收技术不成熟，机具故障率高，作业效果有待进一步提升。

3）机械移栽对辣椒苗的长势、基质的含水量及气候条件要求较高，很多环节需要相互协调才能保证作业质量。

4）机械移栽时气温偏高，由于没有大蒜遮阴，辣椒苗成活率不如套种的高，缓苗时间也偏长。

5）大蒜采收后机械移栽的辣椒生长期还是偏短，产量略有降低，应尽量选用早熟品种。

附录 C　山东省金乡县加工型辣椒苗期病虫草害绿色防治技术

抓好辣椒苗期病虫草害防治，培育壮苗，是夺取辣椒高产、优质的基础。辣椒苗期常见的病害主要有猝倒病、立枯病、炭疽病等，草害主要有马唐、牛筋草等禾本科杂草和部分阔叶杂草。

1. 苗床选择

选地势平坦、背风向阳、排灌方便且近 3 年未种过茄果类蔬菜的肥沃壤土，每 20 米^2 苗床施充分腐熟的圈肥 50 千克、磷酸二铵或优质三元复合肥 1.5 ~ 2 千克，翻耕打碎混匀后整平做畦。

2. 选种

根据近几年山东省金乡县的加工型辣椒栽培品种，结合市场需求，选择早熟、抗病、高产品种。一般 10 克种子，撒施 1 米^2 左右。

3. 预防苗期病害

可用 62.5% 亮盾（精甲·咯菌腈）10 毫升兑水 1.5 ~ 2 千克，播种后将 2/3 的药液均匀喷施在种子上，盖土后将剩余的药液均匀喷施在覆盖种子的土上，可喷施 10 米^2 左右，能有效预防苗期病害的发生。

4. 防治杂草

可用 20% 敌草胺乳油 2 毫升兑水 1 千克左右，盖土后均匀喷施 7 米^2

左右的苗床，可有效控制禾本科杂草。

5. 苗床管理

（1）温度管理　出苗前苗床温度应保持在白天 25 ~ 30℃、晚上 15 ~ 18℃，气温低的夜晚应注意加盖保温材料。苗出齐后注意放风，早上9:00后可揭开苗床两头，用支撑物撑起，下午4:00前盖好风口，控制好温湿度，防止出现高腿苗。当阳光过强、棚内温度超过30℃以上时，应加大放风量，以防烧苗。定植前 10 ~ 15 天，应逐渐加大通风口进行炼苗，以免徒长。

（2）水肥管理　出苗前，每天早晨拍振拱棚膜，使薄膜上水珠归还土壤。当幼苗有 2 ~ 3 片真叶时，如果土壤干旱则可用喷壶喷水；有 4 ~ 5 片真叶时，如果土壤干旱则可避开中午高温时段浇小水，浇水后应注意加大放风量，严防拱棚内出现高温高湿环境，否则会诱发苗期炭疽病等病害，导致幼苗成片发病死亡。在辣椒育苗期，如果给苗床土施足了底肥，育苗阶段一般不追肥，可用叶面肥配合 25% 阿米西达（嘧菌酯）或62.5% 亮盾（精甲·咯菌腈）或标博（甲基营养型芽孢杆菌）喷淋，即可壮苗又可预防苗期病害。如果苗床土底肥不足，幼苗纤弱，可用少量优质冲施肥随水冲施，作为提苗肥，严禁撒施，特别是尿素。

6. 移栽前病虫害防治

辣椒移栽前是病虫害防治的一个关键时期。辣椒移栽前 2 ~ 3 天，用25% 迈舒平（噻虫嗪·咯菌腈·精甲霜灵）20 毫升 + 25% 阿米西达（嘧菌酯）10 毫升 + 益施帮 50 毫升兑水 25 千克，喷淋 10 米^2 左右的苗床（注意：喷后及时用清水喷淋 1 遍）。不仅可有效预防辣椒疫霉根腐病的发生，还可有效预防蚜虫、蓟马等害虫的危害，减轻病毒病的发生，且辣椒缓苗快、根系发达、生长健壮。

附录 D　山东省金乡县蒜套辣椒产业

近年来，在山东省金乡县委、县政府的正确领导下，按照"区域化布局、标准化生产、产业化经营、市场化运作"的发展思路，大力调整种植业站构，在做强大蒜主导产业的同时，注重培育辣椒后续产业。目前，蒜套辣椒发展迅速，辣椒产业已成为金乡县又一项主导产业。

1. 发展现状

（1）我国辣椒产业发展现状 在市场需求不断增长的推动下，我国辣椒产业发展快速，并呈现基地化、规模化、区域化等特点。目前，辣椒已发展成为我国的第一大蔬菜作物，产值和效益居蔬菜作物之首。我国辣椒加工企业也发展迅速，规模较大的有 200 多家，开发的油辣椒、剁辣椒、辣椒酱、辣椒油等制品 200 多个，发展势头强劲，成为食品行业中增幅最快的门类之一，有力地促进了我国辣椒产业的发展，涌现出了不少国内外知名的辣椒品牌，如"老干妈"产品畅销国内 20 多个省区市，并出口美国、墨西哥、日本、俄罗斯等 40 多个国家和地区，年产值超过 15 亿元。

（2）金乡县辣椒产业发展现状

1）种植面积不断扩大。2011 年，金乡县辣椒种植面积有 1.2 万余亩，主要集中在鸡黍镇张寨村、刘楼村、李崮堆村、李庄村等地；2012 年，由于辣椒种植优势突出和效益明显，全县 13 个乡镇均有种植，面积迅速扩大到 6.8 万亩；2013 年，随着辣椒产业化水平的提高，种植面积发展迅速，达 12.3 万亩；2014 年，由于棉花行情的低迷，辣椒种植面积扩大到 27.8 万亩；2015 年，由于辣椒行情的推动及种植模式的成熟，种植面积发展到 42.0 万亩；2016—2018 年，这 3 年辣椒种植面积基本稳定在 45 万亩左右。

2）辣椒专业合作社和专业协会应运而生。随着金乡县辣椒产业的发展，辣椒专业合作社和专业协会应运而生，为广大椒农提供产、供、销一条龙服务，既解决了广大椒农生产中的技术难题，也克服了他们在种植过程中普遍存在的买难、卖难问题，为金乡县蒜套辣椒产业发展起到保驾护航的作用。

3）贮藏、加工企业蓬勃发展。贮藏、加工企业是辣椒产业化经营的关键，不仅能够延伸产业链条，增加产品附加值，而且能够聚集分散的小农生产，提高核心竞争力。金乡县宏大辣椒专业合作社、临沂斯米达食品有限公司等相继入驻济宁市食品工业园区，卜集镇辣椒烘干企业、鸡黍镇盐渍剁椒企业也在蓬勃发展。

2. 发展辣椒产业的有利条件

（1）优越的自然资源 金乡县属暖温带季风性大陆性气候，四季分明，光照充足，为典型的中国北方气候。年平均气温为 13.8℃，年平均地温为 16.3℃，10℃ 以上积温达 4359.4℃，年平均相对湿度为 68%，年平均光照时间为 2384.4 小时，年日照率达 54.4%。年平均降水量为 780 毫米，较为充沛。无霜期长，全年无霜期达 210 天左右，非常有利于辣椒的生长。

（2）雄厚的物质基础　金乡县常年种植大蒜的面积有 65 万亩，冷库有 1400 多座，库容量为 150 万吨，全县有 22 个大蒜专业批发市场和数百个大蒜批发点，形成一个庞大的大蒜销售网。其中金乡县最大的大蒜批发市场——金乡国际大蒜商贸城，总营业面积超过 50 万米^2，为金乡县辣椒的贮藏和交易提供了非常有力的平台。金乡县内公路纵横，河道成网，交通极为便利，105 国道贯穿南北，枣曹、东丰公路横贯东西；菏枣环省高速、济徐高速穿县而过，可直接与京沪、京福、日东高速公路相连；济宁至金乡铁路支线即将开工，金乡经济开发区距济宁机场 20 千米。便利的交通条件为金乡县辣椒产业走向国内和国际市场提供了有力保障。

（3）良好的种植传统　朝天椒，俗称"望天猴"，金乡县自古就有零星种植，主要以农家食用为主，少有农贸市场交易。自 20 世纪 90 年代初，逐渐成规模种植，90 年代末，全县辣椒种植面积达 2000 亩左右，品种主要有子弹头和三樱椒，亩产量一般为 150～200 千克，价格在 6 元/千克左右，亩效益与同季作物棉花差不多，高于玉米。2008 年以后，随着天宇三号、新一代三樱椒的推广和种植技术的提高，金乡县朝天椒产量有了大幅度提高，亩产干辣椒达 300～400 千克，加之国内和国际市场需求越来越大，市场价格逐年提高，种植面积逐年扩大。

（4）明显的种植优势

1）接茬好。金乡县蒜茬辣椒是 2 月下旬育苗、4 月下旬移栽、9 月下旬拔柴，移栽时间与棉花差不多，采收比棉花早，是接茬大蒜、替代棉花、潜力最大、前景最好的后续产业。

2）病害轻。大蒜分泌的二硫基丙烯气体能够有效抑制辣椒病害的发生。

3）上市早。育苗早，间作期大蒜矮，不影响辣椒生长，基本相当于春椒，所以上市早。

4）品质好。大蒜茬土壤营养丰富、地力基础好、辣椒重茬时间短，所以产量高、品质好。

5）风险小。色素辣椒为订单辣椒，销售有保证；朝天椒可以烘干、晾晒，进行干储，能够规避市场风险，非常适合大面积种植。

3. 发展辣椒产业存在的问题

（1）组织化程度较低　辣椒产业大发展与农户种植规模小、农民经营分散的矛盾较为突出，组织化程度比较低，营销等专业合作组织的作用发挥不够强，目前辣椒销售还多以农户自发组织为主，驾驭市场风险的能力较弱。

（2）市场基础建设滞后　由于资金紧缺，金乡县辣椒产地市场建设滞后，现有设施简陋，辣椒销售以马路销售为主，多为本地商贩为外地客商代购。

（3）农田排水设施落后　辣椒根系弱，不耐涝，淹水数小时就会造成沤根、烂根、死棵现象，特别是在辣椒生育前期。金乡县辣椒种植区排水设施不健全，严重制约着辣椒产业的规模化发展。

（4）贮藏、加工企业带动乏力　金乡县辣椒产业发展迅猛，然而销售依赖于外地客商，本地大蒜冷藏企业目光还没有往辣椒上转移，辣椒烘干厂多处于小作坊式经营，加工、出口企业较少。

4. 对策及建议

（1）加强辣椒示范园建设，推行标准化生产　建立现代经营模式，完善配套服务体系，实行统一整地施肥、统一播种、统一田间管理、统一技术培训、统一采收"五统"管理模式，推行标准化生产。

（2）强化基础设施建设，扩大辣椒种植规模　要立足自身优势，整体推进，连片发展。为防止辣椒受淹，统一挖标准台田，抬高土壤表面，降低地下水位；加强排水设施建设，打造蒜椒双辣专业村和特色乡镇。

（3）建立专业批发市场，推进规模化经营　规范后戴楼、周集、张赛辣椒销售市场，建立专业批发市场，同时综合利用国际大蒜市场，使之夏秋有大蒜、冬春有辣椒，成为鲁西南最大的辣味品市场。

（4）培育贮藏、加工企业，延伸产业链条　发展辣椒贮藏与加工，延伸辣椒产业链条，增加产品附加值，是提升辣椒产业化水平、增强市场竞争力的根本途径。为此，一方面要引导和支持辣椒加工企业入区进园聚集发展，另一方面要积极培育符合国家节能减排政策要求、规模大、技术含量高、市场竞争力强的新型辣椒加工企业。

（5）**强化技术支撑，提升科技服务水平**　设立辣椒专业机构，健全辣椒技术服务体系，为椒农提供可靠的技术保障。加强农业技术人员培训，促进辣椒新品种、新技术、新模式的引进、创新与成果转化，为辣椒产业发展提供技术支撑。

（6）**加强农产品质量安全建设，提高农产品的市场竞争力**　制定蒜套辣椒生产技术操作规程，规范农业投入品的使用，完善产地准出和市场准入制度，强化辣椒全程质量控制。

（7）**加大宣传推介力度，叫响金乡辣椒品牌**　目前，金乡县的辣椒品牌，还只是流于坊间，依靠人们的口碑相传，在国际甚至国内市场还听不到金乡辣椒品牌，如果能拿出宣传金乡大蒜的力度，金乡县辣椒产业会有大的飞跃。

（8）**加大政策扶持力度，促进辣椒产业快速发展**　争取国家、省、市财政资金，制定县级扶持政策，吸引外来资金投入，多方面、多渠道筹集资金；整合农业项目，实行捆绑使用，使有限的资金发挥更大作用。

参考文献

［1］贺洪军. 加工型辣椒绿色高产高效生产技术［M］. 北京：中国农业科学技术出版社，2015.

［2］张元国. 蔬菜集约化育苗技术［M］. 北京：金盾出版社，2014.

［3］贺洪军，张自坤，田京江. 加工型辣椒优良品种［M］. 青岛：青岛出版社，2018.

［4］邹学校. 中国辣椒［M］. 北京：中国农业出版社，2002.

［5］钱伶俐，惠富平. 你所不知道的辣椒文化［J］. 生命世界，2018（12）：82-91.

［6］李昕升. 近40年以来外来作物来华海路传播研究的回顾与前瞻［J］. 海交史研究，2019（4）：69-83.

［7］李萌，龙彭年，肖四海. 世界辣椒产业经济发展状况与我国的对策思考［J］. 辣椒杂志，2010（4）：1-5.

［8］王小雄. 印度辣椒产业及中印辣椒贸易概况［J］. 辣椒杂志，2011（1）：38-40.

［9］MARAVALALU C G，MEI-HUEY WU，MUBARIK A，等. 印度辣椒产业概况［J］. 辣椒杂志，2009（2）：40-43.

［10］赵帮宏，宗义湘，乔立娟，等. 2019年我国辛辣类蔬菜产业发展趋势与政策建议［J］. 中国蔬菜，2019（6）：1-5.

［11］彭思云，罗燚，谢挺，等. 我国辣椒产业与大数据融合现状、问题与对策［J］. 辣椒杂志，2019（3）：35-39.

［12］黄任中，黄启中，吕中华，等. 我国干制辣椒产业现状及发展对策［J］. 中国蔬菜，2015（2）：9-11.

［13］王立浩，马艳青，张宝玺. 我国辣椒品种市场需求与育种趋势［J］. 中国蔬菜，2019（8）：1-4.

［14］滕有德. 四川辣椒产业现状与发展趋势及对策思考［J］. 辣椒杂志，2008（3）：1-5.

［15］桂敏，杜磊，张芮豪，等. 云南省加工型辣椒产业发展概况［J］. 农业工程，2019（6）：70-73.

［16］马龙传，宁宁，于许敬，等. 金乡县辣椒产业现状及发展对策［J］. 中国果菜，2018（7）：34-36.

[17] 刘艳芝, 朱丽梅, 徐祥文, 等. 济宁地区加工型辣椒基质穴盘育苗关键技术 [J]. 蔬菜, 2018 (12): 41-43.

[18] 梁玉芹, 刘云, 宋炳彦. 辣椒冬春茬集约化育苗技术 [J]. 现代农村科技, 2012 (7): 21.

[19] 董宇飞, 吕相漳, 张自坤, 等. 不同栽培模式对辣椒根际连作土壤微生物区系和酶活性的影响 [J]. 浙江农业学报, 2019 (9): 1485-1492.

[20] 余高, 陈芬, 谭杰斌. 贵州黔东北地区辣椒高效栽培技术 [J]. 安徽农学通报, 2019 (18): 46, 61.

[21] 王永平, 吴康云, 邢丹, 等. 贵州山地辣椒绿色高产栽培技术 [J]. 辣椒杂志, 2018 (3): 20-21, 39.

[22] 杜磊, 赵水灵, 桂敏, 等. 干制辣椒双株宽窄行丰产栽培技术研究 [J]. 安徽农业科学, 2017 (33): 34-36.

[23] 王爱民, 邹瑞昌, 王远全, 等. 渝东北地区加工辣椒栽培技术 [J]. 长江蔬菜, 2017 (13): 44-47.

[24] 张慧, 赫卫, 董延龙. 黑龙江省加工辣椒栽培技术模式 [J]. 辣椒杂志, 2017 (2): 16-17, 21.

[25] 张艳玲, 李洪梅, 冯定超, 等. 加工型辣椒露地栽培技术 [J]. 天津农林科技, 2015 (2): 15-16, 12.

[26] 卢洪伦, 刘廷海. 金沙县优质辣椒栽培技术 [J]. 现代农业科技, 2014 (8): 99, 101.

[27] 李云, 赵水灵, 王绍祥, 等. 干制丘北辣椒高产栽培技术研究 [J]. 辣椒杂志, 2010 (3): 44-47.

[28] 梁宏卫, 刘景辉, 徐乃林, 等. 麦茬线辣椒栽培技术研究现状及对策建议 [J]. 陕西农业科学, 2016 (5): 76-77.

[29] 田英才, 高立中, 刘小平. 金乡县蒜椒粮间套种模式高效栽培技术 [J]. 农业科技通讯, 2015 (9): 245-247.

[30] 陈襄礼. 柘城县大蒜—朝天椒—玉米一年三熟优质高产栽培技术 [J]. 农业科技通讯, 2014 (3): 214-216.

[31] 马文全. "3—2—1" 式小麦、辣椒、玉米套种高产栽培技术 [J]. 中国园艺文摘, 2011 (9): 162-163.

[32] 余昌清, 杨邦贵, 李红丽, 等. 辣椒 + 玉米绿色高效栽培模式 [J]. 长江蔬菜, 2019 (5): 6-7.

[33] 杨海峰, 潘美红, 惠林冲, 等. 洋葱—辣椒高效栽培模式 [J]. 长江蔬菜,

2018（21）：38-40.

［34］王淑霞，朱丽梅，徐祥文，等. 辣椒虎皮病的发生与防治初探［J］. 蔬菜，2019（8）：53-56.

［35］张世才，吕中华，黄任中，等. 重庆加工型辣椒主要病害的综合防治技术［J］. 辣椒杂志，2012（3）：33-34，36.

［36］廖顺平，刘霞. 辣椒漂浮育苗技术［J］. 长江蔬菜，2017（10）：15-17.

［37］周书栋，杨博智. 辣椒漂浮育苗技术［J］. 湖南农业，2018（5）：14.

［38］张兰芳. 辣椒漂浮育苗的优点及应用前景［J］. 长江蔬菜，2017（2）：17-19.